U0186434

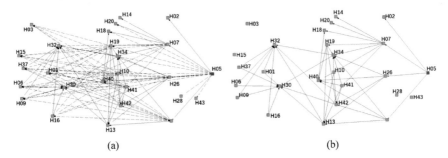

(a)   (b)

图 3-5　完全触发网络和耗散结构网络模型

（a）完全触发网络；（b）耗散结构网络

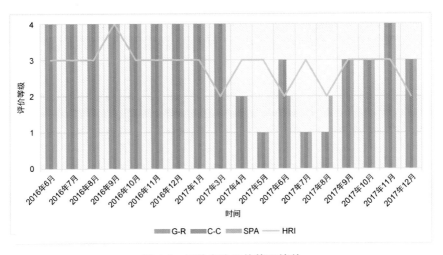

图 4-2　三种方法下的管理绩效

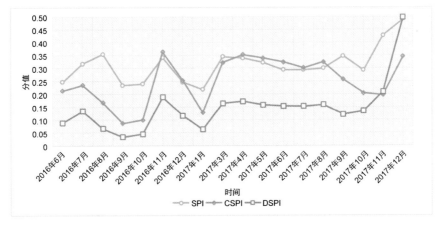

图 5-5　三种不同方法综合评价结果

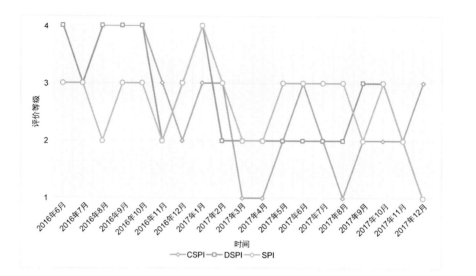

图 5-6　三种方法的等级评价结果

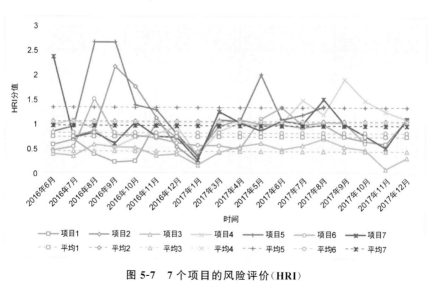

图 5-7　7 个项目的风险评价（HRI）

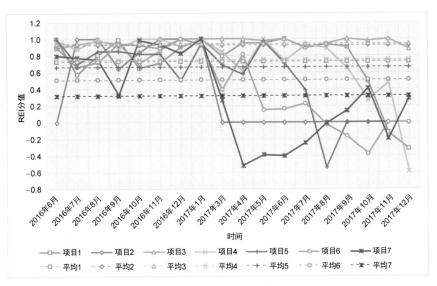

图 5-8　7 个项目的管理绩效（REI）

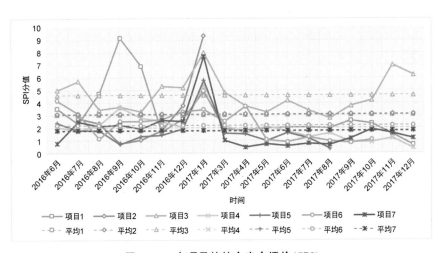

图 5-9　7 个项目的综合安全评价（SPI）

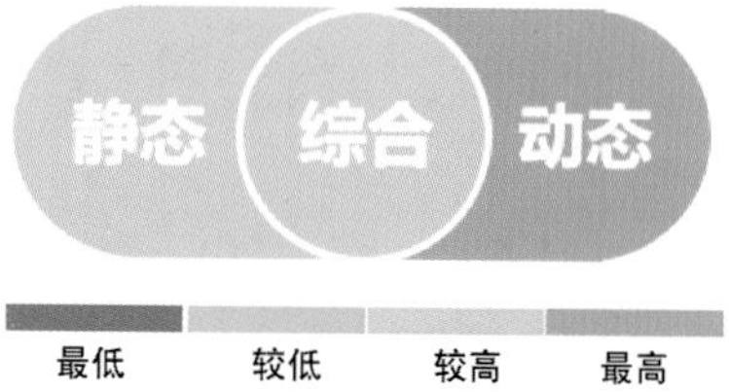

最低　　　较低　　　较高　　　最高

图 5-10　项目前期安全综合评估

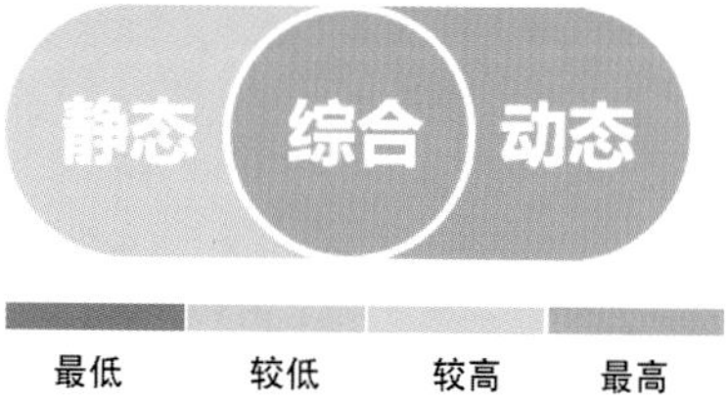

最低　　　较低　　　较高　　　最高

图 5-12　项目后期综合安全评价

清华大学优秀博士学位论文丛书

基于风险耦合的施工现场安全评价与预警

刘梅（Liu Mei）著

Safety Evaluation and Warning
of On-site Construction Based on Hazard Coupling

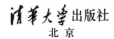清华大学出版社
北京

内 容 简 介

本书从系统的角度研究了施工作业系统安全评价预警方法,并进行了实证研究,主要内容包括:从系统级联故障的角度构建了基于级联触发的风险耦合模型,结合实证数据模拟风险动态触发过程;基于系统论分析了系统安全评价要素构成,引入风险整改作为施工现场动态管理的先验指标,提出了基于管理作用的施工安全评价方法;构建了基于能量耗散理论的施工安全评价预警模型,明确了能量耗散过程中的风险级联触发驱动机制,研究成果已应用于工程实践。

本书可供土木工程、工程管理、安全工程等领域的高等院校师生和科研院所研究人员及相关技术人员阅读参考。

版权所有,侵权必究。举报:010-62782989,beiqinquan@tup.tsinghua.edu.cn。

图书在版编目(CIP)数据

基于风险耦合的施工现场安全评价与预警/刘梅著.—北京:清华大学出版社,2023.1(2023.5重印)
(清华大学优秀博士学位论文丛书)
ISBN 978-7-302-61278-0

Ⅰ.①基⋯ Ⅱ.①刘⋯ Ⅲ.①建筑工程－施工现场－安全管理－研究 Ⅳ.①TU714

中国版本图书馆 CIP 数据核字(2022)第 120018 号

责任编辑:黎 强 孙亚楠
封面设计:傅瑞学
责任校对:欧 洋
责任印制:丛怀宇

出版发行:清华大学出版社
  网　　址:http://www.tup.com.cn,http://www.wqbook.com
  地　　址:北京清华大学学研大厦 A 座　　邮　　编:100084
  社 总 机:010-83470000　　邮　　购:010-62786544
  投稿与读者服务:010-62776969,c-service@tup.tsinghua.edu.cn
  质量反馈:010-62772015,zhiliang@tup.tsinghua.edu.cn
印 装 者:三河市东方印刷有限公司
经　　销:全国新华书店
开　　本:155mm×235mm　　印　张:9.75　　彩 插:2　　字　数:167 千字
版　　次:2023 年 2 月第 1 版　　印　　次:2023 年 5 月第 2 次印刷
定　　价:89.00 元

产品编号:092289-02

一流博士生教育
体现一流大学人才培养的高度（代丛书序）①

人才培养是大学的根本任务。只有培养出一流人才的高校，才能够成为世界一流大学。本科教育是培养一流人才最重要的基础，是一流大学的底色，体现了学校的传统和特色。博士生教育是学历教育的最高层次，体现出一所大学人才培养的高度，代表着一个国家的人才培养水平。清华大学正在全面推进综合改革，深化教育教学改革，探索建立完善的博士生选拔培养机制，不断提升博士生培养质量。

学术精神的培养是博士生教育的根本

学术精神是大学精神的重要组成部分，是学者与学术群体在学术活动中坚守的价值准则。大学对学术精神的追求，反映了一所大学对学术的重视、对真理的热爱和对功利性目标的摒弃。博士生教育要培养有志于追求学术的人，其根本在于学术精神的培养。

无论古今中外，博士这一称号都和学问、学术紧密联系在一起，和知识探索密切相关。我国的博士一词起源于2000多年前的战国时期，是一种学官名。博士任职者负责保管文献档案、编撰著述，须知识渊博并负有传授学问的职责。东汉学者应劭在《汉官仪》中写道："博者，通博古今；士者，辩于然否。"后来，人们逐渐把精通某种职业的专门人才称为博士。博士作为一种学位，最早产生于12世纪，最初它是加入教师行会的一种资格证书。19世纪初，德国柏林大学成立，其哲学院取代了以往神学院在大学中的地位，在大学发展的历史上首次产生了由哲学院授予的哲学博士学位，并赋予了哲学博士深层次的教育内涵，即推崇学术自由、创造新知识。哲学博士的设立标志着现代博士生教育的开端，博士则被定义为独立从事学术研究、具备创造新知识能力的人，是学术精神的传承者和光大者。

---

① 本文首发于《光明日报》，2017年12月5日。

博士生学习期间是培养学术精神最重要的阶段。博士生需要接受严谨的学术训练，开展深入的学术研究，并通过发表学术论文、参与学术活动及博士论文答辩等环节，证明自身的学术能力。更重要的是，博士生要培养学术志趣，把对学术的热爱融入生命之中，把捍卫真理作为毕生的追求。博士生更要学会如何面对干扰和诱惑，远离功利，保持安静、从容的心态。学术精神，特别是其中所蕴含的科学理性精神、学术奉献精神，不仅对博士生未来的学术事业至关重要，对博士生一生的发展都大有裨益。

独创性和批判性思维是博士生最重要的素质

博士生需要具备很多素质，包括逻辑推理、言语表达、沟通协作等，但是最重要的素质是独创性和批判性思维。

学术重视传承，但更看重突破和创新。博士生作为学术事业的后备力量，要立志于追求独创性。独创意味着独立和创造，没有独立精神，往往很难产生创造性的成果。1929年6月3日，在清华大学国学院导师王国维逝世二周年之际，国学院师生为纪念这位杰出的学者，募款修造"海宁王静安先生纪念碑"，同为国学院导师的陈寅恪先生撰写了碑铭，其中写道："先生之著述，或有时而不章；先生之学说，或有时而可商；惟此独立之精神，自由之思想，历千万祀，与天壤而同久，共三光而永光。"这是对于一位学者的极高评价。中国著名的史学家、文学家司马迁所讲的"究天人之际，通古今之变，成一家之言"也是强调要在古今贯通中形成自己独立的见解，并努力达到新的高度。博士生应该以"独立之精神、自由之思想"来要求自己，不断创造新的学术成果。

诺贝尔物理学奖获得者杨振宁先生曾在20世纪80年代初对到访纽约州立大学石溪分校的90多名中国学生、学者提出："独创性是科学工作者最重要的素质。"杨先生主张做研究的人一定要有独创的精神、独到的见解和独立研究的能力。在科技如此发达的今天，学术上的独创性变得越来越难，也愈加珍贵和重要。博士生要树立敢为天下先的志向，在独创性上下功夫，勇于挑战最前沿的科学问题。

批判性思维是一种遵循逻辑规则、不断质疑和反省的思维方式，具有批判性思维的人勇于挑战自己，敢于挑战权威。批判性思维的缺乏往往被认为是中国学生特有的弱项，也是我们在博士生培养方面存在的一个普遍问题。2001年，美国卡内基基金会开展了一项"卡内基博士生教育创新计划"，针对博士生教育进行调研，并发布了研究报告。该报告指出：在美国和欧洲,培养学生保持批判而质疑的眼光看待自己、同行和导师的观点同样非常不容易,批判性思维的培养必须成为博士生培养项目的组成部分。

对于博士生而言,批判性思维的养成要从如何面对权威开始。为了鼓励学生质疑学术权威、挑战现有学术范式,培养学生的挑战精神和创新能力,清华大学在 2013 年发起"巅峰对话",由学生自主邀请各学科领域具有国际影响力的学术大师与清华学生同台对话。该活动迄今已经举办了 21 期,先后邀请 17 位诺贝尔奖、3 位图灵奖、1 位菲尔兹奖获得者参与对话。诺贝尔化学奖得主巴里·夏普莱斯(Barry Sharpless)在 2013 年 11 月来清华参加"巅峰对话"时,对于清华学生的质疑精神印象深刻。他在接受媒体采访时谈道:"清华的学生无所畏惧,请原谅我的措辞,但他们真的很有胆量。"这是我听到的对清华学生的最高评价,博士生就应该具备这样的勇气和能力。培养批判性思维更难的一层是要有勇气不断否定自己,有一种不断超越自己的精神。爱因斯坦说:"在真理的认识方面,任何以权威自居的人,必将在上帝的嬉笑中垮台。"这句名言应该成为每一位从事学术研究的博士生的箴言。

提高博士生培养质量有赖于构建全方位的博士生教育体系

一流的博士生教育要有一流的教育理念,需要构建全方位的教育体系,把教育理念落实到博士生培养的各个环节中。

在博士生选拔方面,不能简单按考分录取,而是要侧重评价学术志趣和创新潜力。知识结构固然重要,但学术志趣和创新潜力更关键,考分不能完全反映学生的学术潜质。清华大学在经过多年试点探索的基础上,于 2016 年开始全面实行博士生招生"申请-审核"制,从原来的按照考试分数招收博士生,转变为按科研创新能力、专业学术潜质招收,并给予院系、学科、导师更大的自主权。《清华大学"申请-审核"制实施办法》明晰了导师和院系在考核、遴选和推荐上的权力和职责,同时确定了规范的流程及监管要求。

在博士生指导教师资格确认方面,不能论资排辈,要更看重教师的学术活力及研究工作的前沿性。博士生教育质量的提升关键在于教师,要让更多、更优秀的教师参与到博士生教育中来。清华大学从 2009 年开始探索将博士生导师评定权下放到各学位评定分委员会,允许评聘一部分优秀副教授担任博士生导师。近年来,学校在推进教师人事制度改革过程中,明确教研系列助理教授可以独立指导博士生,让富有创造活力的青年教师指导优秀的青年学生,师生相互促进、共同成长。

在促进博士生交流方面,要努力突破学科领域的界限,注重搭建跨学科的平台。跨学科交流是激发博士生学术创造力的重要途径,博士生要努力提升在交叉学科领域开展科研工作的能力。清华大学于 2014 年创办了"微沙龙"平台,同学们可以通过微信平台随时发布学术话题,寻觅学术伙伴。3年来,博士生参与和发起"微沙龙"12 000 多场,参与博士生达 38 000 多人次。"微沙龙"促进了不同学科学生之间的思想碰撞,激发了同学们的学术志趣。清华于 2002 年创办了博士生论坛,论坛由同学自己组织,师生共同参与。博士生论坛持续举办了 500 期,开展了 18 000 多场学术报告,切实起到了师生互动、教学相长、学科交融、促进交流的作用。学校积极资助博士生到世界一流大学开展交流与合作研究,超过 60% 的博士生有海外访学经历。清华于 2011 年设立了发展中国家博士生项目,鼓励学生到发展中国家亲身体验和调研,在全球化背景下研究发展中国家的各类问题。

在博士学位评定方面,权力要进一步下放,学术判断应该由各领域的学者来负责。院系二级学术单位应该在评定博士论文水平上拥有更多的权力,也应担负更多的责任。清华大学从 2015 年开始把学位论文的评审职责授权给各学位评定分委员会,学位论文质量和学位评审过程主要由各学位分委员会进行把关,校学位委员会负责学位管理整体工作,负责制度建设和争议事项处理。

全面提高人才培养能力是建设世界一流大学的核心。博士生培养质量的提升是大学办学质量提升的重要标志。我们要高度重视、充分发挥博士生教育的战略性、引领性作用,面向世界、勇于进取,树立自信、保持特色,不断推动一流大学的人才培养迈向新的高度。

清华大学校长

2017 年 12 月 5 日

丛书序二

　　以学术型人才培养为主的博士生教育,肩负着培养具有国际竞争力的高层次学术创新人才的重任,是国家发展战略的重要组成部分,是清华大学人才培养的重中之重。

　　作为首批设立研究生院的高校,清华大学自 20 世纪 80 年代初开始,立足国家和社会需要,结合校内实际情况,不断推动博士生教育改革。为了提供适宜博士生成长的学术环境,我校一方面不断地营造浓厚的学术氛围,一方面大力推动培养模式创新探索。我校从多年前就已开始运行一系列博士生培养专项基金和特色项目,激励博士生潜心学术、锐意创新,拓宽博士生的国际视野,倡导跨学科研究与交流,不断提升博士生培养质量。

　　博士生是最具创造力的学术研究新生力量,思维活跃,求真求实。他们在导师的指导下进入本领域研究前沿,吸取本领域最新的研究成果,拓宽人类的认知边界,不断取得创新性成果。这套优秀博士学位论文丛书,不仅是我校博士生研究工作前沿成果的体现,也是我校博士生学术精神传承和光大的体现。

　　这套丛书的每一篇论文均来自学校新近每年评选的校级优秀博士学位论文。为了鼓励创新,激励优秀的博士生脱颖而出,同时激励导师悉心指导,我校评选校级优秀博士学位论文已有 20 多年。评选出的优秀博士学位论文代表了我校各学科最优秀的博士学位论文的水平。为了传播优秀的博士学位论文成果,更好地推动学术交流与学科建设,促进博士生未来发展和成长,清华大学研究生院与清华大学出版社合作出版这些优秀的博士学位论文。

　　感谢清华大学出版社,悉心地为每位作者提供专业、细致的写作和出版指导,使这些博士论文以专著方式呈现在读者面前,促进了这些最新的优秀研究成果的快速广泛传播。相信本套丛书的出版可以为国内外各相关领域或交叉领域的在读研究生和科研人员提供有益的参考,为相关学科领域的发展和优秀科研成果的转化起到积极的推动作用。

感谢丛书作者的导师们。这些优秀的博士学位论文,从选题、研究到成文,离不开导师的精心指导。我校优秀的师生导学传统,成就了一项项优秀的研究成果,成就了一大批青年学者,也成就了清华的学术研究。感谢导师们为每篇论文精心撰写序言,帮助读者更好地理解论文。

感谢丛书的作者们。他们优秀的学术成果,连同鲜活的思想、创新的精神、严谨的学风,都为致力于学术研究的后来者树立了榜样。他们本着精益求精的精神,对论文进行了细致的修改完善,使之在具备科学性、前沿性的同时,更具系统性和可读性。

这套丛书涵盖清华众多学科,从论文的选题能够感受到作者们积极参与国家重大战略、社会发展问题、新兴产业创新等的研究热情,能够感受到作者们的国际视野和人文情怀。相信这些年轻作者们勇于承担学术创新重任的社会责任感能够感染和带动越来越多的博士生,将论文书写在祖国的大地上。

祝愿丛书的作者们、读者们和所有从事学术研究的同行们在未来的道路上坚持梦想,百折不挠! 在服务国家、奉献社会和造福人类的事业中不断创新,做新时代的引领者。

相信每一位读者在阅读这一本本学术著作的时候,在吸取学术创新成果、享受学术之美的同时,能够将其中所蕴含的科学理性精神和学术奉献精神传播和发扬出去。

清华大学研究生院院长

2018 年 1 月 5 日

导师序言

安全是建筑业可持续发展的基础命题。但是，建筑施工大量隐患耦合所诱发的事故与伤亡给一线从业人员及家庭、企业与社会均带来沉重的伤害。如何借由消除施工隐患与其耦合链降低事故发生的可能性，既是全球建筑业安全研究的挑战，也是极具学术价值与实践意义的研究工作。

在隐患治理过程中，"识别"是有效实施建设工程隐患评估、预警与控制的首要关键。然而，因工艺复杂、交叉作业与人员流动频繁等行业特点，项目是基于复杂且动态隐患耦合所形成的系统，加上凭借主观经验识别隐患的随机性过大，使得大量隐患耦合链未被发现而施工安全性并未显著提升。本书结合理论与数值分析揭示了施工安全隐患的耦合机制、隐患耦合结构的演化规律，并提出相应的预警策略，建立隐患治理基础，从根源上提升工程项目的安全性。

本书首先构建理论和实证数据的施工隐患耦合网络模型，模拟隐患在网络中的动态级联触发过程，阐明了风险的共现关联和因果关联两种耦合作用机理；其次，基于系统论和评价学分析系统安全评价要素，引入风险整改绩效作为施工现场动态管理先验指标，提出了风险发生后果和管理绩效的综合定量评估方法；最后，采用"熵"的概念表征风险耦合的不确定性形成隐患耦合模型，用来预测关键风险耦合和传递路径，并基于预测结果建立项目安全性评价与预警模型，提出可靠的隐患治理策略。理论上，本书为施工安全风险研究引入了级联失效、系统熵流、管理抗力等新概念与新视角，揭示了施工安全风险耦合效应和级联触发机理；实践上，本书成果已成功在多个建筑工程中应用，并有望推广应用于更多类型的建筑与基础设施工程建设与运维的安全风险管理实践，实时掌握系统安全状态，为制定高效、准确的安全管理策略提供科学参考。

廖彬超

2020 年 4 月

摘　要

建设工程工艺复杂、班组交叉作业、环境变化万千,为了达到零事故的目标,近年来已有研究借由风险耦合的关系来评价风险对施工安全产生的影响,优化风险的预控计划,增加主动安全管理的效能。但风险耦合的模型忽略了施工过程动态的特性,所以研究成果很难与实践接轨。本书从系统论角度,构建基于级联触发的风险动态耦合模型,在此基础上引入动态管理绩效,从能量耗散角度构建安全评价熵流模型。

首先,构建基于风险耦合的安全评价框架。从系统论的视角,分析基于风险耦合的安全评价的因素构成,基于事故致因理论和社会网络分析法,构建风险耦合网络模型作为评价框架,进行网络结构特征分析,并基于实际工程的数据对该网络框架进行了实证研究。

其次,构建基于级联故障的风险耦合模型。基于建立的风险耦合网络,从系统级联故障的角度构建了基于级联触发的风险耦合模型,将风险状态作为连续变量,计算风险承载力,基于实证数据模拟风险耦合网络中风险动态触发过程,阐释风险级联触发机理。通过实证研究对所提出的耦合模型进行了可行性和有效性验证。

再次,提出基于管理作用的安全评价方法。基于系统论和评价学分析系统安全评价要素构成,引入风险整改作为施工现场动态管理先验指标。通过定量评估风险发生后果和管理绩效,形成综合安全评价指标,基于实证研究分析三个指标间的相互关联。

最后,基于能量耗散构建安全评价预警模型。基于耗散结构理论,构建风险级联触发过程中的熵流模型,与管理作用对施工安全评价的影响相结合,构建施工安全评价熵流模型。将模型应用于七个在建项目进行系统安全评价预警,验证模型的实用性和必要性。

本书在系统论的视角下,构建了基于级联触发的风险耦合熵流模型,为事故致因相关研究提供了新的思路；提出了基于管理作用的施工安全评价熵流模型，为安全绩效评估提供了科学有效的工具。该模型对动态掌握施工安全状态、制定安全管理策略提供了实际参考价值。

关键词：安全评价；施工；风险；管理；系统

Abstract

In order to achieve the goal of zero accidents, in recent years, studies have been proposed to use coupling hazards to evaluate the impact of hazards on the on-site construction, optimize the pre-control plan of hazards and increase the efficiency of active safety management. However, the coupling model of hazards ignores the dynamic characteristics of the contruction process. As a result, it is difficult to integrate the research achievements with practice. In this book, from the perspective of system theory, a dynamic coupling model of hazards is built based on cascading propagation. On this basis, the dynamic management performance is introduced, and the entropy flow model of construction safety evaluation is constructed from the perspective of energy dissipation.

First, the safety evaluation framework based on coupling hazards is constructed. From the perspective of system theory, this book analyzes the factors of safety evaluation. And then it constructs the hazard coupling network model as the evaluation framework based on the accident causation theory and social network analysis method. And empirical research on the network framework is conducted based on the engineering data.

Secondly, the hazard coupling model is constructed from the perspective of system cascading failure. The hazards state is taken as a continuous variable to calculate the capacity of hazards. The dynamic triggering process of hazards in the hazard coupling network is simulated based on empirical data, then the mechanism of hazard cascading propagation is explained. The feasibility and validity of the proposed coupling model are verified by empirical research.

Then, the construction safety evaluation method based on management function is proposed. Based on the system theory and safety evaluation elements, the hazard rectification is introduced as the leading indicator for dynamic management. Through the quantitative evaluation of the consequences and management performance of the hazards, the comprehensive safety evaluation index is formed. Finally, based on the empirical research, the correlation among the three indexes is analyzed.

Finally, the evaluation model of construction safety is built based on energy dissipation. Based on the dissipative structure theory, the entropy flow model in the process of hazard cascading triggering is constructed. And the entropy flow model of system safety evaluation is constructed by combining with the management performance. Finally, the model is applied to seven projects under construction to verify the practicability and validity of the model.

In this book, the coupling entropy flow model of hazards based on cascading propagation is constructed from the perspective of system theory, which provides a new idea for the research of accident causation theory; the entropy flow model of safety evaluation based on management performance is proposed, which provides a scientific and effective tool for safety performance evaluation. This model provides a practical reference value for mastering the safety status of on-site construction and making safety management strategies.

Key words: safety evaluation; construction; hazard; management; system

目　录

第1章 引　言

1.1　研究背景和意义

1.1.1　建筑业安全形式异常严峻

建筑业是我国支柱产业之一,提供了大量就业机会,为我国经济发展奠定了坚实的基础。"一带一路"(国家级顶层合作)倡议的实施,为土木工程领域的发展进步带来了新的历史机遇和挑战。大多数建筑活动都是在快速变化的环境中以及不断变化的场地条件下进行,又因建筑施工工艺复杂、班组交叉作业、体力劳动繁重、施工人员流动性很大等特征,形成了建筑施工的不安全因素,包括工作环境、暴露于危险或不安全环境下的工作状态、项目危险等级以及施工现场工人健康和安全状况[1],使得建筑施工成为最危险的行业之一[2-3]。

安全检查作为项目施工阶段风险识别的重要手段,是项目安全风险管理体系中的重要组成部分。尽管在安全教育和实践方面有所改进,但对不断增长的生产率更高的渴望对建筑工地的安全产生了负面影响。例如,在美国[①],约20%的致命伤害发生在建筑工地,而建筑工人仅占总劳动力的不到10%。不适当的保护和不正确的使用工具往往导致环境破坏,物理接触,人身受伤。仅2017年一年,就有145人因接触有害物质或处于不安全环境而死亡,另有133人因接触物体和设备而死亡。国内事故伤亡情况也很严重,2013年至2018年11月房屋市政工程生产安全事故统计如图1-1所示[②],事故发生起数虽然在2015年略有降低,但之后仍旧有所增多,2016年的事故发生数量比2015年同比增长43.44%,之后两年同比增长分别是9.15%和8.55%。虽然一直强调安全教育和安全保障,但是通过数据反映出伤亡人数在2015年后不减反增,2016年同比增长32.67%,而2017年和

---

① https://www.osha.gov/oshstats/commonstats.html(accessed on Nov. 29th,2019)。

② 数据来源:http://www.mohurd.gov.cn。

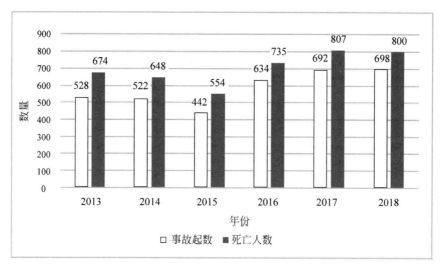

图 1-1　2013—2018 年（11 月）房屋市政工程生产安全事故图

2018 年有所改善,但依旧增高,2018 年 1 月到 11 月,就有 800 例死亡发生,面对如此严峻的建筑安全形势,需要时刻加强安全管理和监督力度,控制潜在安全风险对工人造成的不安全氛围,减少人员伤亡。

在安全风险管理体系内部,安全检查是实施风险管理和连接不同风险管理阶段的核心手段。目前安全排查模式仍然大量依赖人力,随机性强。建设工程现场环境复杂、安全风险众多,加上安全排查人力有限、凭借主观经验判断等因素,导致安全检查不可能检查到所有的风险[4]。近年来建筑业的安全绩效相对于其他产业仍然较差,管理形势没有得到明显的改善。研究表明[5],核工业项目的风险识别率可高达 89.9%,铁路项目可达 72.8%,而建筑项目只有 66.5%[6]。就个体水平而言,即使经历在 10 年以上的建筑业工人与管理者对安全风险的识别率也不会超过 80%[7]。风险识别作为风险管理关键流程的第一个环节[8],如果建设工程安全管理在此阶段的发挥如此受限,那么要做到零事故便是缘木求鱼。

因此必须在施工阶段开始之前和施工过程中进行有效风险识别,以确保避免安全事故[9]。例如,在设计和施工过程中,影响结构安全的因素[10]包括沟通与协作、合作模式、风险管理和安全文化,这些因素对建设项目整体安全的总体构架有着显著贡献[11],项目经理必须考虑所有可能的风险,以便在适当的时机采取纠正措施[1]。但通常情况下检查人力有限,不可能检查到所有的风险,如果能够对风险因素进行科学合理的排序,识别关键风险,对施工现场安全进行动态评价,就能一定程度上控制风险因素,从而建立有效的应对措施,提升风险管理和控制能力,以实现更安全的工作环境[12]。

1.1.2　实证的风险耦合是预警的重要基础

安全风险管理有两种模式,一种是消除现存的安全风险和安全事故,另一种是消除潜在的安全风险。前者是一种事后评估,旨在处理事故和弥补损失,后者则是事前预警,消除可能会引发事故的不安全因素[13],将有助于从源头上控制不安全行为和不安全状态的发生。

减少人为失误是提高安全性能的关键,为了改善工作场所安全问题,在降低危害程度和人为失误发生频率方面已经做出了相当大的努力。然而,建设项目涉及复杂、多方利益相关者的协作和巨大的工作场所变化[14],以及环境信息的复杂性和检查员人力资源的有限性,使得在施工安全检查过程中大量的风险未能被发现,制约了其有效性。因此,使用智能系统预警风险至关重要,可以有效减少人为失误,显著提高主动安全管理的能力[15]。

以系统警示风险来弥补人为安全检查的局限性是目前研究的热点,对于切实提高主动式安全管理能力具有重大意义[15-16]。近年来,各种安全自动检测辅助系统被开发出来,以减少风险和克服检测问题[17-19]。建筑信息模型技术、移动式应用端[20]等技术的发展可以帮助管理者通过图像、声音、文字来导引安全风险的排查[21-23]。智能检查监督工具的数据基础大多来自事故报告[24-26],通过分析提取关键影响因素进而吸取经验教训,是安全评价预警的重要途径,但随着施工新技术的不断应用,以前积累的预防事故发生的经验可能已经失效。而新技术的引入也会给安全系统引入未知因素,导致事故发生的原因发生改变,同时产生导致事故发生的新途径。施工现场非常复杂,即使专家也未能获得施工现场所有潜在风险的完整信息,复杂性增加使得专家和数据库后台难以充分分析施工现场的所有潜在的风险信息,也使得现场检查人员难以有效识别和处理安全、不安全以及其他干扰的情况。

为了识别和预防人为因素造成的风险,需要深入研究风险系统的结构和传播过程。一方面,事故致因模型提供了一种有用的安全管理方法,在这种方法中,为了评估和减轻风险,描述了风险系统中风险之间的相互依赖关系[27-28]。作为一个基本的且重要的任务相关的风险分析方法,事故致因理论在世界范围内的不同领域都有广泛的应用,特别是在高度危险的核工业等领域[29-30]、煤炭开采行业[31-32]和铁路行业[33-34]。另一方面,由于风险的不确定性、抽象性以及与风险相关的其他特征,风险因素及其相互依存网络往往是复杂的[35],任何风险的发生都可能最终导致灾难性事故[12]。一些复杂的风险关联网络已经根据在复杂系统中因素之间的关系进行了相应的研究[36-37]。

    混沌理论认为,某系统要素初始的些微偏差可能随着时间推进,因耦合关系诱发其他要素也产生偏差,最后造成大规模、不可逆转的系统性偏误[38]。就建设工程而言,风险(hazard)是"系统要素异常而进一步触发事故风险的主要状态"[39],也是事故风险预控的载体[4],如图1-2所示。在管理的范围之外,再不起眼的安全风险,也会使系统因为级联效应所引起的损害程度与事故可能性大幅增加[6]。

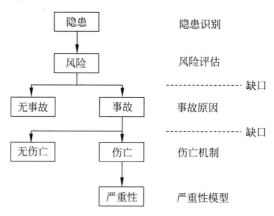

图 1-2 伤亡与事故研究缺口

    要系统地有效预防施工安全事故,除了要有效控制风险本身,还要进一步切断与其他风险耦合的关系[40-41]。依赖主观判断的安全检查很可能因为人受到环境变化而分心,忽视了某些风险。随着项目推进,这些未被发现的风险很可能触发有耦合关系的其他风险,让系统进一步恶化而产生事故[42-43]。因此,如何以风险预警来减少由分心引起的漏检,是当前研究必须攻关的难点[4]。即便研究所开发的安全检查辅助系统已假设风险也有耦合的可能[18-44],但仅凭定性推理风险的耦合关系而且缺少考虑施工的动态特征仍是当前研究成果缺乏普适性的主要原因,需要进一步以数据推导实证的风险时变耦合模式作为预警机制的基础[44-45]。

1.1.3 主动风险管理尚未在建设管理领域引起重视

    建设项目往往因风险和不确定性而表现不佳,为了克服这些问题,使用现有的历史数据来预测风险和不确定性[46]。国际公认的做法是，建筑行业依靠死亡率和损失时间伤害率等数据作为安全性能指标[47]，安全状况的物理评估和事故记录是施工现场安全的主要管理措施。然而，影响场地安全的管理因素通常被忽视[48]。传统上，安全的改善是由历史数据驱动的，因此，现场安全的发展是被动的，而不是主动的。例如，严重受伤/死亡或高意外率的发生，会引发一项调查，以确定和预防此类事件的发生。虽然建筑行业的受伤/死亡频率高于其他行业，但事故的实际频率并不高，无法根据历史数据进行准确建模和预测，尤其是在评估小型项目时[49]。

虽然监控这些数据是必要的，并将继续在安全管理中发挥作用，但这些可记录的被定义为后验指标，后验指标的历史属性意味着它不能准确反映安全管理体系和环境的现状[50-51]。因此，建筑行业需要新的主动风险管理方法和预警系统。目前，安全管理领域的一些研究人员正在调查如何使用先验指标来进行更好的风险评估和预警，并主动推动安全改进[52-53]。虽然安全管理的趋势在变化，但在大多数情况下，建筑行业基于现场的风险管理、监测和控制仅限于安全检查表和基本概率风险评估以及历史事件监测。由于缺乏有效的统计信息，这些用于风险识别和风险量化的评估技术依赖于专家意见和主观解释[54]。安全绩效的时间分析仅限于安全事件统计，可能无法反映当前的项目环境和安全绩效，安全风险控制和暴露对项目的真实风险水平都有重要影响[54-55]。因此需要将整改作用作为可测量的项目风险暴露和典型的风险评估结合起来进行综合评价，促使主动风险控制策略正式用于驱动性能改进[9]。

1.2　国内外研究综述

1.2.1　安全评价预警方法研究现状和问题

施工事故涉及工作系统和环境的特征、个体工人的心理和行为特征[56]。大多数建筑活动都在快速变化的环境中以及不断变化的场地条件下进行，因此，该类别涵盖了更多的子因素，包括工作环境、暴露于危险或不安全的工作状况、项目危险等级以及工人的工作场所健康和安全状况。安全经理可以通过消除相关的不安全工作条件来控制工人的特定不安全行为，反之亦然[12]。因此事故的发生与不安全状况高度相关。可以说，较高的项目风险水平往往与较高的现场风险水平相关[57]。为了更系统地看待这一问题，在建筑工地维护安全环境面临三个挑战。首先，安全性难以衡量,因为是否达到安全状态取决于主观判断,而主观判断取决于个人对安全性的定义。其次,人为失误是不可控的,只能责怪个人责任范围内的过失和可控情况。最后,项目本质上是独特的和暂时的,因此,根据从先前项目中学到的经验教训并采用标准化流程可能导致无法预测新的风险。由于诸如室外操作、高空工作、复杂的现场设备、设备操作以及工人对安全的态度和行为等因素,与建筑相关的任务通常具有风险[58]。

Khosravi 等学者[59]将不适当的行为确定为建筑事故的原因。例如,从统计学的角度来看,Haslam 等学者发现 70% 的事故是由工人或工作团队引起的[60]。这些事实和数据从逻辑上使员工不可避免地需要参与其中并为创建安全的工作场所和改善安全绩效承担责任,演示了建筑安全管理如何从不安全行为方面影响建筑工人。风险识别尽量在施工阶段开始之前进行,以确保项目能够安全进行。此外,确定了在设计和施工过程中影响结构安全的因素。研究提出,与各个项目合作伙伴之间的相互关系有关的因素对结构安全的影响最大,包括沟通与协作、控制机制、风险管理和安全文化,因为这是对建设项目整体安全的显著贡献的总体构架。因此,项目经理必须考虑所有可能的风险,以便在适当的时机采取纠正措施,最大可能地避免施工安全受到威胁[61]。这就是为什么并且确实必须要求安全经理对风险因素进行优先排序,并更加注意控制风险因素,以实现更安全的工作环境。

在实践中,积极的风险控制策略,如风险评估程序中的主动监控性能,可以作为安全预警的一种方式,但是现有研究并没有探讨这种正式的实现策略[9]。然而,在建造业中已经建立了一种积极主动的监测战略,包括通过风险指数对风险水平和已确定的风险进行正式监测[62]。将这一战略应用于石化工厂的运作,对数据的持续分析为管理层提供了事故预警能力,可用于实施积极的管理战略,从而在出现严重风险状况之前进行纠正。这证明了采用主动监测方法来监测主要指标数据的价值,这些数据已经通过安全检查在建筑工地收集。风险评价研究建立了施工现场常见事故的施工安全评价指标体系,并运用层次分析法确定了指标权重[63]。Liu[64]针对安全指标评估任务,建立了基于分布式计算和可拓理论的云安全管理预警机制,节省了总体计算时间,并对施工现场的安全状况进行了定量评估。该方法便于计算机编程,易于操作和实现,适用性强,表明建筑安全可以通过定性概念与数值概念之间映射的语言价值来实现。Ning[65]建立了一个定量的安全风险评估模型,包括因素识别与分类、因素分析和评估功能开发,以帮助现场管理者更准确、更全面地评估不同的现场布局方案。在因子识别和分类中,设施之间的相互作用流最初被视为风险因子,同时考虑了先前研究未深入探讨的安全和环境问题。针对以上两类风险因素,分别根据事故发生的可能性和线性衰减规律,建立了安全风险评价函数。通过综合因素评价,计算出不同施工现场布置方案的安全风险水平。虽然取得了良好的效果,但施工安全评价是一个复杂的系统,影响因素多,动态变化大,很多难以量化。此外,建筑安全研究的重点已转向主动管理,以迎合零事故管理的目标。主动安全管理要求考虑嵌入在各种过程中的风险之间的时变关系。在实践中,通过综合的安全规划和控制措施,可以控制风险概率,消除风险与其他风险的关联,降低项目的整体风险水平。从理论上讲,事故是一系列风险因果关系的结果[66]。在分配有限的资源时,管理人员应该根据风险的相互依赖性来确定风险的优先级,即使单个风险本身是非关键性的,它也会通过相互作用影响其他类型的风险,包括关键性的风险[67]。因此,风险研究必须将风险相关知识转化为科学的风险评估[4]。

因此,最近的研究将风险之间的相互关系建模为风险网络[68]。其中许多研究试图量化风险的系统影响,识别关键的利益相关者,并根据风险之间的相互关系对管理措施进行优先排序。虽然这些研究强调了观察风险相关性的重要性,但这些观察必须考虑建筑工地环境变化的动态本质。因此,以动态的方式观察风险之间的相互依赖关系,有助于在施工过程中进行战略性和前瞻性的安全管理。一些研究引入贝叶斯网络方法,根据因果关系定义有向无环图中的每个链。然而风险形成一个相互关联的网络,而不是简单的事故因果链。重大的危险循环出现在项目过程中,因为循环中存在的风险可能是异构的。

为了揭示事故的复杂性,包括不确定性、随机性、模糊性和其他性质,复杂网络理论被用于事故因果分析[69]。风险系统的复杂性体现在,因风险因素直接或间接的影响而导致风险不同后果的过程中,因素和因素关联对系统的作用效果不是因素间的简单相加,而是相互渗透影响,最终呈现出非线性的耦合关系[70-71]。混沌理论认为,某系统要素初始的些微偏差可能随着时间推进,因耦合关系诱发其他要素也产生偏差,最后造成大规模、不可逆转的系统性偏误[38]。通过将事故视为类似于疾病传播,一些研究人员将流行病学事故模型应用于事故预防。关键局部分析是在事故未发生时基于风险的特征来解释风险和事故的关联,主要应用形态学概念中的差异分析[72-73]、能量分析[72,74-75]等。能量释放理论强调风险发生的物理因素,认为风险是由系统能量超出其承受极限引起的[75]。例如,在以前的研究中已经使用了级联故障的概念。它假设一个节点的初始过载会导致一系列故障，并反映了构件的攻击强度或破坏程度，当传输负荷超过相关阈值时，就会触发其邻接风险，但是该研究只考虑了风险发生的不确定性作为传递荷载，忽略了风险的后果[76]。

根据耗散结构理论，开放系统具有同时输入环境自由能和输出熵的能力。因此，与孤立系统的熵不同，开放系统的熵可以保持在同一水平或减少。Luo 等引入模糊信息熵模型对煤矿开采引发的土地生态安全风险进行评估[77]；Deng 等对中国建筑能源服务行业建立耗散结构模型[78]，基于布鲁塞尔模型和熵流模型对能源服务行业的发展趋势进行评估，并找到影响其发展的障碍；Nie[79]综合考虑风险协变的影响，基于耗散理论构建电力系统风险传递的熵流模型。这使他们能够评估能源服务行业的发展，并确定相关的风险因素。考虑风险协方差的影响，基于耗散理论建立了电力系统风险转移的熵流模型[79]。然而，耗散结构理论只是在宏观层面上应用于建筑领域的安全风险评估，尚未从风险层面考虑风险关联性进行系统熵流变化研究。

风险的不断发生使得系统的状态越来越混乱，需要合理的管理策略才能从无序状态向有序状态转变[80]，例如，考虑人为干预对风险系统的影响。然而，一般研究很少讨论管理的内部作用[81]。在建筑工程的安全风险管理中，风险经过现场安全检查员的纠正和监督，就不属于长期风险，在风险被消除之后，相关的风险可能不会被注意到。虽然上述熵流模型研究将系统安全以熵流的概念进行评价，但是仅利用耗散结构理论对系统风险和管理引起的熵流进行线性聚合。许多研究者已经提出，系统风险水平应该来自风险之间的非线性耦合作用[81-82]。其次，应使用风险传播和管理措施动态评估系统[80]。以前的研究只评估系统安全性，是以事后回顾的方式获得关键风险，因此需要构建系统动态的评价预警模型，以促进管理措施的有效性[1,83-84]。

1.2.2 风险耦合机理研究现状和问题

事故致因理论认为，事故产生是由一连串缺陷状态（风险）耦合的结果，所以防止风险的产生、切断风险的耦合关系就是有效的主动安全管理战略[66,85-86]，风险耦合指的是风险之间相互作用和影响，并且具有能量传递的过程。Reason 的瑞士奶酪模型对理解事故原因和预防措施产生了重大影响[87]，事故取决于纵向防御的缺失，每一块奶酪都代表一个容易出错的屏障。防御措施出现漏洞的原因有两个,一个是已经发生的风险,另一个是潜在的风险。由于安全检查的资源极度匮乏,近年研究已开发了不同的自动安全检查辅助系统来减少风险漏检问题[16-17,88-94]。这些研究借由风险耦合的关系来评价风险对系统产生的影响,优化风险的预控计划,增加主动安全管理的效能。

目前研究风险耦合模式的方法可以分为因果整体分析和关键局部分析两种范式,这两种范式是用来建立安全风险预警机制的基础[8]。因果整体分析是基于数据揭示系统风险的联动失效模式,包含反向追踪法(如失败树)、正向追踪法(如事件树)[95-96]、失效模式影响分析[74,97]等,研究经常在这些方法的基础上结合蒙特卡罗模拟[98]、层次分析法、人工神经网络[99]、模糊数学[100]、贝叶斯网络[101]等方法将专家的判断转换为定量的模型[101-102]。其中,贝叶斯网络是近年受到关注的分析方法,其优势是考虑了风险因素之间的相互作用和传递路径[103],例如,研究通过构建二阶矩贝叶斯模型来模拟风险传导过程,进一步预测项目绩效[104]。关键局部分析是在事故未发生时基于风险的特征来解释风险和事故的关联,主要应用形态学概念中的差异分析[72-73]、能量分析[72,74-75]等。

贝叶斯网络已经被应用于理解设计失败的机制,能识别导致电梯安装中人为错误的关键因素[105-107]。故障树和贝叶斯网络的联合应用使人们能够直观地分析施工风险之间的因果关系。然而,风险之间的关联还可以归因于工作任务或场景之间的联系,相同的主体或对象,以及共同的前因[108-109]。在建设工程项目中引入网络分析[37]为探索风险之间复杂且相互依赖的关系提供了可行性[108,110-111],为风险评估奠定了良好的基础[112-113]。

然而,像贝叶斯网络这样被业界用于分析隧道施工中不确定的安全风险[114],有向无环图(DAG)更适合用于建模没有环的网络。这些技术不适合于建模那些需要重复或多种通信关系的网络中的复杂交互过程。社会网络分析(SNA)是一个强调将社会科学变量整合进复杂项目管理的定量和定性的分析方法,是一个适合于分析复杂建设项目的分析工具,且建设项目涉及多个主体且主体间依赖关系是迭代和交互的[115]。SNA本身分析了网络中各个主体间的相互依存关系,特别是网络中心性,因此它可以被用来检验复杂网络而不仅仅是社会结构,例如,风险因素网络中各个风险因素成因的相互影响。

回顾SNA在复杂项目管理知识领域的发展情况可以发现,SNA在应用于各种类型的网络时是有效的,这有助于增强其在复杂项目管理中的应用。一些研究已经讨论了 SNA 在建设项目管理中的应用。Mead 提出了几种将 SNA 的结果应用于项目团队沟通模式可视化的方法[116]。Lee 等检验了 SNA 应用指标和概念的细节,探索在复杂项目管理知识领域的应用[117]。通过回顾现有的网络分析方法以及 SNA 在建设项目管理中的应用,SNA 可以将社会科学变量整合进建设工程管理的定量和定性的分析方法。基于建设项目涉及多个主体且主体间依赖关系是迭代和交互的,它是一个适合于分析复杂建设项目风险的分析工具。

然而,在构建风险关联网络的过程中,布尔变量假设将风险触发作为一个离散变量来处理,在大多数研究中,1 表示触发状态,0 表示非触发状态[105,114]。然而,一些研究人员认为,风险状态可以更准确地表示为人类基于对当前环境状态的认识所做出的判断[118]。在一个完全没有危险的状态和一个风险被触发的危险状态之间有许多过渡状态,人根据经验知识对这种状态做出必要的模糊判断[119]。利用贝叶斯网络,将风险对应的数值指标划分为不同的取值范围,并运用模糊理论将具体情况下的具体数值转换为不同取值范围内的点,从而对项目的风险进行评价[114]。不同风险之间的关系应该表现出不同的强度[120],在风险传播过程中,只有当影响程度超过一定阈值时才会触发。因此,当数据源可靠、有效数据量足够时,风险可以被看作反映实际项目复杂性的连续变量。

另一方面,在使用数据学习构建风险网络时,网络复杂度与输入数据量的二次方成正比,这意味着网络构建过程可能是费力而缓慢的,并且存在相当大的冗余信息。而且只按时间顺序分析风险之间的相关性[107,121],导致出现关联强度低或不存在的风险关联。同时,在对绿色建筑的研究中指出,对风险网络中的关键风险和关联的控制可以显著降低网络密度[120]。然而,并不是所有风险网络内高连通性和高密度的风险在改善建设项目风险评估中都发挥关键作用[122]。电力系统中常见的网络失效模式-级联故障分析[123],基于节点能量超过阈值会失效甚至造成事故,判断关键节点[124-125]。事实上,级联失效分析已应用于融资融券交易、交通工程、城市脆弱性、水利工程等多个领域[126-129]。

电力系统的级联失效类似于蝴蝶效应。级联故障中节点的初始过载反映了组件的破坏程度[130]。在建筑工程中,这种超载的概率代表了触发风险可能性的概率,通常由专家评估决定[131-133],或根据实际检验数据计算[81]。然而,也有研究假设风险是在一定的时间间隔内发生[118]。破坏概率可以用指定置信水平的置信区间来表示,而不是用单一的固定概率来表示,使工程师能够做出更明智的决策[134]。在研究配电网络中不确定性的传播时,研究人员使用了历史可靠性指数来确定与输入数据可靠性相关的不确定性[135]。因此,在级联失效分析中,如果将风险发生的不确定性作为传播荷载,则风险在超过被触发的阈值后,都可以根据所发生的概率触发。因此,将社会网络分析与级联故障法应用于建筑业的风险分析将是有益的。

尽管这些研究揭示了风险与事故的耦合机理,但是这些成果存在几方面的问题。

首先,风险耦合的模型忽略了施工过程动态的特性,所以研究成果很难与实践接轨。不少研究开发辅助系统来提高全检查的效能,这些研究的成果已经暗示了物件或者施工作业是风险耦合的载体[136-138]。但是,这些研究多数静态地描述风险的耦合关系,鲜少基于风险的动态耦合关系来安排物件或者施工作业的检查顺序,很难满足高度动态的施工现场特性,因此这些成果很难与实践接轨[117]。

其次,基于主观经验建立的风险耦合模型难以具有普适性。目前绝大多数的研究通过访谈、德尔菲法、焦点小组等集成专家群体意见[139-144]定义风险相关,形成风险关联模型;然后,基于风险在相关模型中的属性(基于网络拓扑结构计算的参数如密度、出度、入度等)对风险的优先级、严重性赋权[145-149]。

再次,基于风险耦合网络拓扑结构计算不同风险间的"触发效率"评价工程项目的安全性[145-146]。有的研究基于风险耦合模型进一步总结风险特征之间的关联,作为安全检查路线的参考[110]。即便这些研究已经在风险独立发生的基础上增加了风险间耦合的可能性,但是耦合关联的推理基本上仍为经验导向。这类研究受到样本小、专家背景差异等限制,这样的结果很可能与真实情况相去甚远[44]。

最后,构建风险耦合模型的研究仅限于事故报告,无法反映事故风险的根源。即便有的研究使用定量的数据来梳理风险耦合的模型[18,136,150-151],但是其范围仍然聚焦于与事故直接关联的风险,忽略了混沌理论所强调的风险间的相互迭代关系而导致事故发生的机理。因此,这些研究仍然不能在普遍意义上清楚揭示事故风险的根源[152]。

1.2.3　安全评价指标研究现状和问题

对于承包商、客户、政府、保险公司和建筑业的其他利益相关者来说,业绩指标是关键的可监控统计数据。虽然事故报告及监察工作在建筑安全实务中一直扮演重要角色,但研究人员及部分业界人士已认识到需要在传统方法以外,采取额外的绩效措施[153]。

施工现场是一个动态的环境,安全风险控制和工人暴露在危险环境中对项目的真实风险水平都起着重要作用。传统方法中,建筑组织依靠衡量不安全事件发生的频率,以此作为安全绩效的客观指标。主要包括损失时间伤害频率和可记录伤害频率。这两个指标具有相对容易收集、容易理解、易于标杆管理和比较分析的特点,同时会随着时间的推移形成一定的变化趋势。但是传统方法使用的这两个指标也具有不足之处。首先,因为可记录的事件和伤害是统计学层面上的,但是在短时间内发生的概率很低,尤其是当在单个建设项目中评估时即使在非常大的建筑项目中,它们通常不稳定而且不足以计算出有意义的比率[49]。而且没有伤害/事故并不一定意味着工作场所比同期发生伤害/事故的另一工作场所更安全[154]。

因此仅对事故/伤害或者已经出错的事件进行追溯,不能作为一个系统安全水平的直接衡量[155-156],还可能会产生严重的后果,例如,Kim 等[33]描述了飞行员和空中交通管制员已经观察到安全标准逐渐下降,但是因为没有发生事故,所以决策者没有意识到组织变革计划的负面影响。而且使用伤害/事故率作为评估企业的重要指标如管理业绩评估、奖金支付或未来投标机会等激励措施,会引发漏报、瞒报,数据保真度受到损害,并且从性能分析中得出错误的结论[49,154,157]。已有不少研究从其他角度量化安全状态[81,158]。Salas 等使用先验指标来开发一个预警模型,用于提供建筑承包商安全管理业绩变化的早期预警信号[159]。

在替代传统安全指标的发展方面,先验和后验的术语是从经济和金融领域借用的[160]。在安全领域,后验的指标一般包括伤害的频率和严重程度,以及工人索赔的价值。过去利益相关者只关注监测这些后验指标,但是他们很少提出主动积极的价值。在事故或伤害发生之前,必须采取任何措施进行预防[50]。后验指标是事故发生的度量,而先验指标被认为是事故发生的先兆的指标。它们是与预防事故有关的措施或在事故发生之前的其他措施[50,161]。跟踪先验指标可以提供安全故障的早期预警信号,并指示事故之前的风险管理[47]。采用先验指标的管理战略有可能提供历史数据无法提供的信息。先验指标既可以是积极的(例如,管理活动),也可以是消极的(例如,预警信号),先验指标的测量提供了在发生事故或伤害之前检测和解决安全问题的机会[51,153,162],也被更具体地定义为在实际风险水平暴露于变化之前变化的实践,而不管是否存在伤害事件。因此,安全先验指标和后验指标已被广泛采用,并用于衡量建筑业的项目级安全绩效,表 1-1 是参考文献列出的部分指标内容。

表 1-1　后验指标和先验指标的部分内容

指标	分　类	具　体　内　容
后验指标	工伤事故	工伤事故发生频次/严重程度 损失时间工伤频率(LTIFR) 总可记录工伤遗失频率(TRIFR) 工时损失[81]
	死亡率	工作场所死亡人数和发生率[153]
	风险	事件中无人员伤亡/财产损失,但可能造成损失[153]
	工人赔偿	工伤保险索赔的频率/价值[163]
先验指标	资源分配和监督	有职业健康安全证书的员工人数/比例 安全管理岗位员工人数/比例[164]
	计划	工作前安全会议 工具箱讲座 工作许可证的频率和质量[81,158]
	检查	现场检查频率 安全防护措施 药物和酒精测试 系统审核的频率 危险报告 安全工人观察 危险消除 处罚或侵权[81]

　　一方面,风险是伤害/死亡确实发生的事件的一种偶然性,考虑到潜在的风险,减少失误发生,虽然未引发伤亡,但是风险必须被视为可记录的后验指标,并包括在事故报告中。然而,与容易引发事故的负面性相比,也有调查显示风险漏报和伤害发生之间的相关性,认为风险记录具有作为识别风险和迅速改善现场安全性能的积极指示的价值[51,153]。因此,风险被认为既是先验也是后验的指标。

　　安全管理的既有研究多是针对引发建筑工程事故的关键因素[56]。例如,Jannadi 早在 1996 年就通过研究影响建筑业安全的指标并根据这些指标的重要程度进行排序,分别是维持安全的工作条件、建立安全培训、教育工人和监督者有良好的安全习惯、由主要承包商进行有效控制、保持对工人的密切监督、向各级管理人员和工人分发责任[165]。

此外,Sawacha 等探讨了影响施工现场安全的因素,结果表明,与现场安全有关的最重要的问题是安全管理谈话、提供安全小册子、提供安全设备、提供安全环境、指定受过训练的安全代表[166]。此外,有研究建立了建设项目安全管理绩效评价模型,并提出影响安全管理绩效的主要因素,包括安全管理组织、安全管理措施、安全人员、设备和物资管理[167-168]。Jitwasinkul 和 Hadikusumo 研究了影响建设项目安全工作行为的重要组织因素,并确定了泰国建筑业的 7 个重要因素作为具体案例研究,即沟通、文化、管理承诺、领导、组织学习、授权、奖励制度[169]。Hasan 等从 32 个印度建设项目中收集数据,发现 6 个决定性因素对于改善安全性能是重要的,包括激励分配方法、适当的劳动培训、特别注意危险情况、安全委员会和分包商的作用、专门的工程和安全设备以及激励和惩罚的正确形式[170]。

虽然容易获得与物理场地条件有关的定量数据,但管理的安全性能难以评价。建筑业和其他行业的研究人员普遍采用调查[171]来评估一般的安全管理因素。这些研究通过将它们与后验的统计数据相关联来验证因素。Hallowell 等[9]采用项目案例研究和专家讨论的方法,调查了在积极施工安全中可以实施的 50 项先验指标。该小组确定了 10 个指标,包括隐患报告、管理团队安全参与、安全工人观察、停工授权、任务前计划和审核等。Guo 等[172]提出了建筑业先验指标的选择框架,提出了一套与管理流程频度和安全资源比例相关的 32 个指标;然后对这些指标进行修订,并通过对行业中专业人员的访谈和问卷调查来验证其实用性和成本效益,为进一步研究这些指标在安全管理和评估方面的能力提供了基础。另一项研究采用机器学习的方法[173],基于一般项目特征变量和安全检查得分开发先验指标评估,对项目中发现的风险扣分,对检查过程中观察到的“良好”做法加分。机器学习模型能够较准确地预测安全风险,说明良好的安全管理是减少施工事故发生的关键。Awolusi 等研究了安全与不安全作业与现场条件和事故发生率之间的关系,并将这些观察结果作为先验指标开发了安全绩效工具[14]。Sheehan 等采用改进的 IWH-OPM 模型对先验指标与安全性能进行研究,发现一些先验指标与职业健康安全报告无关,然而,在安全先验水平较高的情况下,风险和未报告的职业健康安全事件与先验指标之间存在很强的负相关关系[174]。一些研究从安全系统的角度考虑，如使用熵流模型[175]或模拟实时管理效果[176]，而一些研究将安全管理视为一个整体指标，包含与安全管理相关的所有行为和活动[177-178]。

Lingard 等[81]利用在澳大利亚一个大型基础设施项目 5 年期间收集的数据，探讨了主要评价指标与可记录事故率之间的时间依赖性。这项研究证明了先验指标和后验指标之间存在复杂且经常是周期性的关系。例如，安全工具箱使用频率的增加导致总可记录事故率持续 4 个月下降，但在接下来的两个月中事故率却出现上升。对这种模式的一种可能的解释是，安全和项目管理团队致力于将安全培训和现场安全提高到良好的水平，而忽视了施工现场工人的行为，导致工人在这一阶段的安全行为出现懈怠。在他们的研究中，将风险整改数量作为先验指标之一，提出事故的发生和风险的消除不仅直接与安全有关，而且还通过其他已被证明会影响风险的组织因素间接地与安全有关[179]。但是他们的研究在如何定量评价先验指标和解释复杂非线性系统的安全性能方面存在一定缺失，仅以监测在一段期间内解决的风险的数目作为整改绩效，与可记录事故率的变化趋势进行比较，未能将风险和整改两个指标结合起来综合评价[81]。

1.3　研究目标与内容

1.3.1　研究目标

根据现有相关理论研究的文献综述基础，本研究的范围界定为建设项目施工安全风险的识别、评估和预警等问题，研究目的是提出一套施工现场系统安全动态评价预警方法，具体目标如下：

（1）识别基于风险耦合的安全评价要素和框架构建

系统要素初始的些微偏差可能随着时间推进，因耦合关系诱发其他要素也产生偏差，最后造成大规模、不可逆转的系统性偏误。施工安全评价是一个复杂的系统，影响因素多，动态变化大，很多难以量化。在分配有限的资源时，管理人员应该根据风险的相互依赖性来确定风险的优先级，即使单个风险本身是非关键性的，它也会通过相互作用影响其他类型的风险。风险网络的许多研究试图量化风险的系统影响，识别关键的利益相关者，并根据风险之间的相互关系对管理措施进行优先排序，虽然这些研究强调了观察风险相关性的重要性，但这些观察必须考虑建筑工地环境变化的动态本质。而且在实践中，积极的风险控制策略可以作为安全预警的一种方式，但是现有研究并没有探讨这种正式的实现策略。

（2）构建基于级联触发的风险耦合模型，揭示风险级联触发机理

国内外研究中的风险耦合模型多数静态地描述风险的耦合关系，鲜少基于风险的动态耦合关系来安排物件或者施工作业的检查顺序，很难满足高度动态的施工现场特性，因此这些成果很难与实践接轨。而且，基于主观经验建立的风险耦合模型难以具有普适性，即使已经在风险独立发生的基础上增加了风险间耦合的可能性，耦合关联的推理也基本上仍为经验导向，这样的结果很可能与真实情况相去甚远。而基于事故报告构建的耦合网络，其范围仍然聚焦于与事故直接关联的风险，忽略了混沌理论所强调的风险间的相互迭代关系而导致事故发生的机理。因此，这些研究仍然不能在普遍意义上清楚揭示事故风险的根源，本书将构建基于级联触发的风险耦合模型，揭示风险级联触发机理。

（3）评估整改作为管理抗力对安全评价的影响

传统方法中依靠衡量不安全事件发生的频率作为安全绩效的客观指标。但是仅对事故、伤亡或者不安全进行追溯，不能作为一个系统安全水平的直接衡量，因为没有事故或伤亡并不一定意味着工作场所比同期发生事故或伤亡的另一工作场所更安全，单一指标的衡量还可能会产生严重的后果，比如引发漏报、瞒报。采用先验指标的管理战略有可能提供历史数据无法提供的信息。安全管理活动作为先验指标之一，虽然容易获得与物理场地条件有关的定量数据，但施工过程中安全管理性能（风险整改绩效）还少于科学评价，本书将采用评价学方法评估整改作为管理抗力对系统安全评价的影响。

（4）以能量耗散作为驱动，开发具有预警效果的评价模型

在建筑工程的安全风险管理中，风险的不断发生使得系统的状态越来越混乱，需要合理的管理策略才能从无序状态向有序状态转变。首先已有研究中熵流模型将系统安全以熵流的概念进行评价，耗散结构理论只是在宏观层面上应用于建筑领域的安全风险评估，但尚未达到动态风险预警的目的。其次，利用耗散结构理论对系统风险和管理引起的熵流进行线性聚合，但系统风险水平应该来自风险之间的非线性耦合作用，因此需要构建系统动态的评价预警模型，以促进管理措施的有效性。

1.3.2　研究内容

基于研究目标，本书的主要内容包括基于级联触发的风险动态耦合模

型构建、考虑管理抗力的系统安全评估模型以及能量耗散视角下的系统安全评价和预警,如图 1-3 所示。具体研究内容如下:

(1)基于风险耦合的安全评价框架构建

从系统论的角度理解风险耦合和安全管理抗力的概念,分析系统安全评价的因素构成,基于事故致因理论和历史数据构建风险耦合网络模型作为评价框架,进行网络结构特征分析。

(2)构建基于级联触发的风险动态耦合模型

基于初步建立的风险耦合网络,参考级联故障分析范式,模拟网络中风险动态触发过程,阐释风险级联触发机理。

(3)风险与管理抗力作用下的安全评价

以安全科学理论为支撑搭建安全评价指标体系,引入整改作为管理抗力,探究施工现场管理作用对系统安全状态的影响。构建整改效率的数据基础,基于动态管理的特征确定评估方法,通过控制新发风险程度和动态安全管理作用对项目安全状态进行评估。

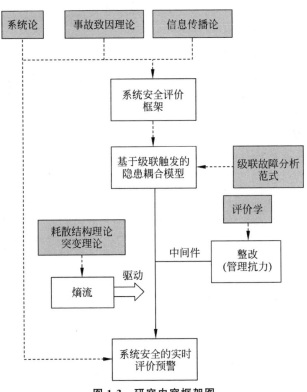

图 1-3　研究内容框架图

（4）基于能量耗散构建安全的动态评价预警模型

在（2）和（3）的基础上，基于耗散结构理论构建风险级联触发过程中的熵流模型；基于熵流变化识别关键风险耦合和关键风险耦合路径，探究能量耗散过程中的级联触发驱动机制；基于突变理论确定风险引起的系统熵流变化，与管理作用对系统的影响相结合，构建系统安全评价熵流模型，最终实现系统安全动态评价与预警。

1.4　研究技术路线与方法

1.4.1　技术路线

为确保研究过程的系统性并得到理论与实践价值兼备的成果，本书以系统论、事故致因模型理论和耗散结构理论为基础，以真实数据（检查记录）为载体，构建施工风险的动态预警机制来辅助安全检查人员的工作。本书的研究技术路线如图 1-4 所示。

1.4.2　研究方法

阶段一：基于风险耦合的安全评价框架构建

基于系统论分析系统安全评价的因素构成，基于事故致因理论和历史数据，构建风险耦合网络模型作为评价框架，进行网络结构特征分析。第一，根据认知可靠度和失误分析方法（CREAM）归纳推理获取风险间的理论耦合关系。第二，萃取风险检查记录中的风险之间的耦合关系后，采用卡方检验，基于项目检查的风险数据剔除不符合风险发生规律的耦合关系，与风险间的理论耦合关系映射得到风险耦合矩阵。第三，以焦点小组采用逻辑学的"负命题"逻辑排除与修正和经验相违背的耦合关系，形成实证的风险耦合网络拓扑结构。第四，采用 bootstraping 法从风险数据库重复抽取样本，通过风险条件概率和后果严重性程度，估计定量评估风险耦合强度，形成风险耦合强度矩阵，构建风险耦合网络。

阶段二：构建基于级联触发的动态风险耦合网络模型

第一，定义风险不确定性，采用 bootstraping 法从风险数据库重复抽取样本，以风险发生的不确定性（标准差）作为风险触发阈值。第二，定义风险屏蔽率，用来阐释基于级联故障分析范式之后风险耦合网络的简化程度。第三，建立在网络中采用级联触发分析的假设条件。第四，采用级联故障的范式，模拟不同荷载水平下不同风险的级联触发过程，用来筛选关键风险与

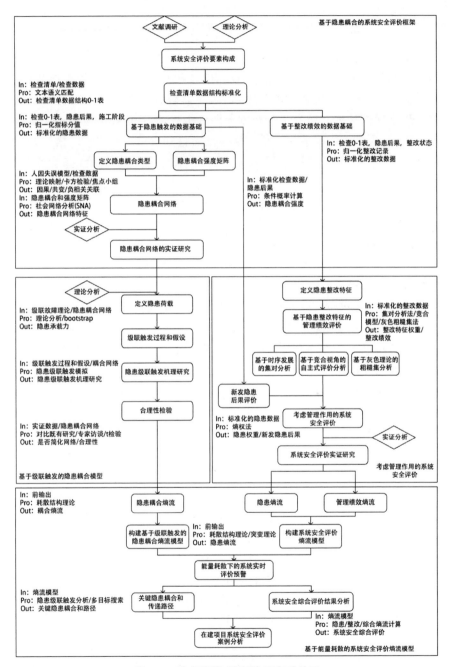

图 1-4　技术路线-研究缺口应对关系

其耦合路径。

阶段三：建筑施工动态管理下的安全绩效评估

第一，通过文献回顾和调研，以安全科学理论为支撑构建安全评价指标体系。然后参考《建筑施工安全检查标准》(JGJ59—2011)提供标准化安全风险描述，构建安全检查清单。第二，基于风险数据表单和风险检查记录，以一级指标作为控制新发风险程度的评价指数，测算过程中考虑施工阶段、项目规模、检查面积标准化。应用熵权法对指标权重进行修正。第三，对于统计期内的整改绩效分别应用集对分析法、灰色-粗糙集理论、基于竞争合作视角的自主评价三种方法进行探索。第四，将新发风险程度评价、整改绩效进行综合，得到系统安全的综合评价指标，通过分析对比三个指标结果，对项目安全现状进行动态评价和预警。

阶段四：基于耗散结构理论构建动态评价预警模型

第一，基于耗散结构理论，将现场施工安全管理系统视为一个随内外系统能量交换而自发地由无序向有序发展的耗散系统。第二，结合第2章和第3章构建的风险耦合模型，定义风险耦合熵流，模拟风险级联触发过程，识别风险级联触发传递路径，同时结合关键耦合风险进行风险预警，为安全检查人员制定高效准确的风险排查提供参考。第三，将耗散结构理论应用于现场施工安全状态评估，采用熵权法计算风险和安全评价指标的权重，利用突变势函数计算由风险发生引起的系统正熵，然后引入第4章中管理绩效评价方法的结果作为负熵，形成系统安全评价熵流模型。

1.5　本书结构

在文献综述的基础上总结安全指标体系的特征以及指标评价要素构成，包括权重、严重性、基础清单数据。以事故致因理论为基础，真实数据(检查报告)为载体，进一步引入级联故障理论，构建风险耦合模型。以施工现场管理绩效作为先验指标，基于安全评价学的基本理论和范式，构建动态安全管理绩效评估方法。将管理绩效有机融入安全系统作为负熵，结合风险耦合模型，构建基于风险耦合的动态评价预警模型。

第1章：引言。阐述了本书的研究背景和研究意义。首先对安全评价、风险耦合等国内外研究进行综述，然后介绍了本书的研究目标和内容，以及技术路线和研究方法，最后介绍本书的结构。

第2章：基于风险耦合的安全评价框架构建。从系统论的视角，分析基于风险耦合的系统安全评价的因素构成,基于事故致因理论和社会网络分析法,构建风险耦合网络模型作为评价框架,进行网络结构特征分析,并基于实际工程的数据对该网络框架进行了实证研究。

第 3 章:基于级联触发的风险耦合模型。基于建立的风险耦合网络,从系统级联故障的角度构建了基于级联触发的风险耦合模型,将风险状态作为连续变量,计算风险承载力,基于实证数据模拟风险耦合网络中风险动态触发过程,阐释风险级联触发机理。通过实证研究对所提出的耦合模型进行了可行性和有效性验证。

第 4 章:基于管理作用的安全评价。基于系统论和评价学识别系统安全评价要素,引入风险整改作为施工现场动态管理先验指标。通过定量评估风险发生后果和管理绩效,形成综合安全评价指标,最后基于实证研究分析三个指标间的相互关联。

第 5 章:基于能量耗散的安全评价预警模型。基于耗散结构理论,构建了风险级联触发过程中的熵流模型,与管理作用对系统的影响相结合,构建了系统安全评价熵流模型。最后将模型应用于 7 个在建项目进行系统安全评价预警,验证模型的实用性和必要性。

第 6 章:总结。回顾本书的工作和主要结论,归纳创新性,提出本书的局限性,为后续研究工作提出建议(新的设想)。

第2章 基于风险耦合的安全评价框架

2.1 安全评价要素构成

系统论起源于 20 世纪 30 年代至 40 年代,主要为了解决经典分析技术在处理日益复杂的系统时所面临的局限性。Ludwigvon Bertalanffy 在生物领域提出了类似的想法,并建议把各个领域新出现的思想总结成一般的系统论[180]。按照传统的科学方法,系统根据其内部复杂性和组织性的特点可以分为三类:当一个系统中的各个子系统或部件被假设成独立运行的个体时,这种系统被称为"有组织的单纯"[181];第二种系统称为"无组织的复杂性",即系统中缺少清晰的组织,只能被看作一个组合体,但是它同时属于复杂系统,具有规律性,可以用统计的方法对其进行分析[181];第三种系统被称为"有组织的复杂性",也就是说这些系统具有足够的组织性和复杂性,导致无法用统计的方法进行分析[181]。基于安全评价的相关性原理,适用于第三种系统,将安全系统看作一个整体,系统的性能指标体现在各部分要素的彼此交互、有机联系[71,182]。

系统论的基础主要是两对概念:涌现性和层次性;通信和控制[183]。系统层次结构中低层次的操作会导致高层次的复杂性,这种复杂性具有涌现性,例如,就施工系统而言,其系统安全状态在不同影响因素的作用下会不断发生变化,就具有涌现性。层次性理论则是论述不同子系统不同层次之间的关系,包括层次如何产生,如何区分,以及层次之间联系[184]。对于系统中的部件来讲,可靠性可以看作部件经过一段时间后在给定条件下仍满足自身规范的可能性。对于工程现场施工,不同风险的发生和相互关联都会对系统可靠性产生影响。另一方面,从整个系统的角度出发,系统安全性具有涌现性,即取决于系统部件行为所受的约束和部件的潜在交互所受约束的执行情况。因此,施工现场的安全管理作用对于工人不安全行为或者设备的不安全操作的约束,使得系统安全性得到提升,而风险之间的关联能够被有效消除或控制,也会影响系统的安全性。因此,从涌现性和层次性角度,系统安全评价要素既要包括风险之间的关联性对系统可靠性的影响,还要考虑安全管理作用下风险和风险关联的消除对系统安全的影响。

开放系统(与环境有输入输出关系的系统)的控制意味着通信,系统在与环境交换过程中,会不断失去平衡。在控制理论中,开放系统中的部件被看作相互关联的,系统通过部件之间信息和约束形成的反馈回路达到动态平衡[185]。控制与强制施加约束有关,对系统部件或行为施加约束,既可以避免失效,也可以避免发生不安全事件或产生不安全条件。施工现场风险的不断出现增加了系统的不安全性,同时现场检查人员与施工人员对于风险的检查和消除,使得系统不安全性的信息得到了及时反馈和控制,系统不断恢复动态平衡。事故的发生就可以看作由于系统各部件的交互违反了约束,例如,因违规操作而导致脚手架坍塌(部件失效)所造成的事故。

因此,从系统通信和控制的角度,对建设项目施工现场的安全性做出评价既要考虑现场存在的不安全因素,也要量化控制和约束产生的作用力,如图 2-1 所示,一个建筑现场一般是由若干施工机械设备、施工材料、人员等集合组成,其施工过程是在人、机、材料、作业环境结合过程(人的管理控制作用)中进行的;机械设备的可靠性、人的行为的安全性、安全管理的有效性等在系统不同层次上存在各种分布关系[71]。例如,工作强度过大、安全培训不足会引起工人失误增多,而工作强度增大的原因之一可能是为追赶工期节约成本,这也会反过来制约安全管理的强度。当施工现场的不安全

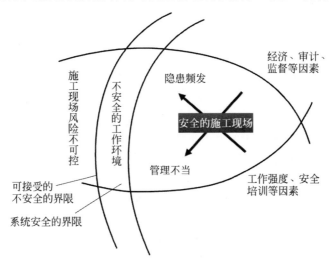

图 2-1　施工现场安全评价影响因素

性信息始终得不到反馈和控制时,系统将过渡到不稳定的危险状态,使得施工现场的工人暴露于不安全的工作环境中,随时可能发生事故,随着失效的系统部件越来越多,工人的违规操作也越来越频发,施工现场的风险逐渐不可控,系统随时可能崩溃。

综上所述,本书基于施工现场安全评价系统构成要素,包括系统内部风险及风险之间的耦合关系、风险受到的管理约束力作用以及系统不安全信息如何在这两部分相互作用下进行反馈。

2.2　基于风险耦合的评价框架构建

2.2.1　风险耦合的理论分析

事故致因模型是安全工程所有工作的基础,其基本假设是事故中存在相同的模式,可以将事故归因于一些因素,预防未来事故发生的对策,对系统运行风险进行评价。最早的事故致因模型源自工业安全(职业安全),预防的重点是消除不安全状态,后来重点转移到了不安全行为。海因里希在1936年提出的事故因果连锁论将安全重点转向人为失误。海因里希把造成事故的一般顺序比作五块多米诺骨牌,当第一块多米诺骨牌倒下时,自动将相邻的牌碰倒,依次进行直到事故发生。这个模型说明人为失误和物的失效是系统不安全行为或状态的直接原因,而其他因素作为间接条件[186],从而导致事故发生并造成损失。1976年,博德和亚当斯分别对多米诺牌模型进行拓展,提出管理决策是事故的一个因素,将管理职能上的失误加入了事故致因序列当中[187]。例如,由于监管力度不够致使工人未能及时整改现场风险引起工程事故,管理上存在的问题会进一步导致不安全的行为。在后来的研究中,Reason采用分层的瑞士奶酪模型改造了多米诺牌模型,Reason的瑞士奶酪模型对理解事故原因和预防措施产生了重大影响[87]。在供应链管理中,重大事故取决于纵向防御的缺失,每一块奶酪都代表一个容易出错的屏障。防御措施出现漏洞的原因有两个,一个是"穿越者"的不安全行为,另一个是潜在条件,如监督、维护或培训不力。

许多关于施工安全的研究和文献回顾强调,施工现场在技术和组织上是复杂的[54]。Lingard认为,在施工过程中,需要考虑项目各方的利益和影响,确保构成设施的组件之间的兼容性,管理和协调不同工作人员的活动,以及确保工人、材料和设备不断移动的行业[81]。这种技术和组织的复杂性是开发系统性事故框架的原因,特别是针对施工环境,研究施工事故原因中远端和近端因素的相互作用。

不管是多米诺牌模型还是瑞士奶酪模型,其假设都是事故存在单一或根本原因,在事件链的每一个事件失效会直接造成或导致下一个失效,即事故致因模型中的事件之间的因果关联是直接的和线性的,例如,事件链中前置节点没有发生,那么这条事故链的后置节点就都不会发生[182]。用于描述事件链的形式化和非形式化表示形式只包含事件和导致事件发生的条件。每个事件在发生的同时会创造一个条件,并与已有的条件一起构成导致下一事件的新的条件,如此循环。基于这个循环,最明显的预防措施是在损失发生之前断开这个事件链,因为在这些模型中考虑的最常见的事件是组件失效,预防措施往往集中在防止失效事件的发生。例如,保证施工现场配电系统符合配电漏电保护要求,可以避免触电事故发生。对于只涉及物理失效的简单例子,防止此类失效发生的措施很有效,但对因果关系的描述过于直接和绝对[188],忽视了与事件链中的事件有间接关系的因素。例如,虽然配电保护是施工现场安全检查的重点,但依旧频频发现不符合要求,一个可能的间接原因在于施工现场工人用电安全培训不到位,没有防范意识,另一个情况是,与配电保护没落实同时存在的问题还有配电箱内接线一根电缆引出线接开关上出现一闸多用。因此,事故致因模型适用于有限的线性致因,很难或者不可描述非线性关系。因此,仅仅使用多米诺牌模型和瑞士奶酪模型等基于事故因果链描述实际事故因果关系并不恰当。

另一方面,因果关系模型识别出来的事件和原因依赖于所考虑的事件以及与所选事件相关的条件,虽然两者是有一定关联的,但这一关系可能非常复杂,也并不一定是因果关系。如引起高处坠落事故的原因可以从事故报告中直接提取,但这些原因并不一定是直接因果关系,作用变化理论指出,与外界环境的变化或者其他事件的影响下系统中人的不安全行为和物的不安全状态会相互作用影响,使得系统出现故障[189-190]。而且当引起事故的这两种不安全状态在时间或空间上产生交叉时[191],判断事件的相互联系将不再是简单的线性因果关系,需要不同类型的知识或规则,包括物理层和管理层的知识,去阐述因素相互影响的概念,能够更广泛地涵盖导致事故发生的事件之间的关联。

因此本书首先基于事故致因理论构建风险因果关联,在此基础上进一步结合作用变化理论和轨迹交叉理论,采用实证数据构建风险耦合网络作为系统框架,探究风险之间的相互影响关系,为后续风险级联触发机理研究和系统安全的动态评价预警模型提供系统框架。

2.2.2 网络分析法综述

项目管理中常用的网络分析方法是线性图形表示法,如关键路径法[192],此网络分析允许在更改的环境中持续监视进度,以确定关键活动。从动态的角度来看,风险关联被认为会随着时间的推移在强度、联系和风险个体方面发生变化,风险拓扑结构在不同的时间点也会相应变化[193]。然而,两个相同的网络架构可以以非常不同的方式改变[69]。在变化的过程中,每一次风险或风险关联的变化都会影响下一时刻网络结构的发展。在复杂网络中,通过将拓扑和个体信息与更新的数据相结合,可以对风险进行综合评估,将风险最高的作为下一个断点[194]。

然而,尽管这类研究反映了网络分析在量化风险参数和准确识别关键风险方面的优势,但风险之间的相互作用是时变的,静态网络分析忽略了这一事实[152],给定原因的风险对与之关联的风险的影响存在一个时间间隔,这表明单点分析并没有揭示网络不断变化的本质。然而,施工风险网络的时变结构中是否存在重要的控制点还不清楚。因此有必要采用一个有效的网络分析工具来检查复杂项目中的元素相互依存关系,并用于制定项目管理策略。有向无环图(如贝叶斯网络)通常用于预测概率和确定不循环因果网络。例如,Gerassis 等使用贝叶斯网络量化和预测不同类型事故的具体原因系统动力学模型(SDM)对于复杂结构的分析是非常有用的,复杂结构由许多具有非线性关系的相关变量组成,有学者通过问卷调查的结果采用SDM 进行了系统模拟,发现系统动力学框架对风险策略测试和优化具有重要作用[195]。SDM 建模者经常面临两个问题:如何对系统进行最佳描述或建模;在何处改变系统以产生更有利的系统结果。

社会网络分析(SNA)可以作为其他研究方法的补充,用于研究复杂项目中的非社会结构不确定性因素,从而给出更丰富的图表。例如,SNA 可以与诸如蒙特卡罗模拟方法之类的概率模型集成,以提供对网络数据更精确的预测[117]。SNA 的基本结构由节点和连接(网络中两个节点之间的线)组成,用于检测和解释与节点之间的关联模式,关联可以表示为有向的(弧)或无向的(边)[196]。

像贝叶斯网络这样的被业界用于分析隧道施工中不确定的安全风险[114],有向无环图(DAG)更适合用于建模没有环的网络。这些技术不适用于建模需要重复或多种通信关系的网络中的复杂交互过程。社会网络分析(SNA)是一个强调将社会科学变量整合进复杂项目管理的定量和定性的分析方法。SNA 本身分析了网络中各个主体间的相互依存关系,特别是网络中心性,因此它可以被用来检验复杂网络而不仅仅是社会结构,例如,风险网络中各个风险因素的相互影响。回顾 SNA 在复杂项目管理知识领域的发展情况可以发现,SNA 在应用于各种类型的网络时是有效的,这有助于增强在复杂项目管理中的应用。一些研究已经讨论了 SNA 在建设项目管理中的应用。Mead 提出了几种将 SNA 的结果应用于项目团队沟通模式可视化的方法[116]。Lee 等检验了 SNA 应用指标和概念的细节,探索在复杂项目管理知识领域的应用[117]。通过回顾现有的网络分析方法以及社会网络分析(SNA)在建设项目管理中的应用,SNA 可以将社会科学变量整合进建设工程管理的定量和定性的分析方法。基于建设项目涉及多个主体且主体间依赖关系是迭代和交互的,它是一个适合于分析复杂建设项目风险的分析工具[115]。

2.2.3　风险耦合网络构建

1. 风险节点和风险耦合

在合理假设下,节点关联可以从实际数据中获得[197]。基于 Rehane 和 Pearl 提出的结构学习的理念[198],为了建立风险网络,应确定风险项目及其关联[199]。特别是节点之间连接的合法性决定了网络结果的质量,因此,作者提出了一种三阶段(理论、数据和实践)的方法来获取可靠的风险关联。

根据文献回顾,网络中风险的关联类型可以分为以下三种,见表 2-1。

表 2-1　共变关联类型

类型	内　　涵	举　　例
任务相关	工作任务包含一系列操作,该任务执行过程中同一时间段出现的风险没有明显的因果关联,也不存在先后次序,属于不同风险在时间维度上的交叉	高处作业施工作业人员没有正确佩戴安全帽↔没有正确佩戴安全带
场景相关	在同一工作空间范围作业时,不同风险在与空间元素发生接触后,产生交叉作用	防护设施未形成工具化↔脚手架层间防护上杂物较多,没有及时清理
相同主/客体	不同风险具有共同的主/客体,包括人、机械设备或其他环境因素	配电箱接线处的开关上严禁一闸多用↔配电箱负荷线未在开关下口引接
共同前因	风险具有共同的前因,因为前置风险没有被消除,因此后置的两个风险同时被触发	临边防护设施、构造不符合安全要求↔通风井道口,未做防护栏杆

因果关联：根据 Hollnagel 于 1998 年提出的 CREAM 理论[200]，风险之间可能存在直接的线性因果关联。根据每个风险的描述，将风险及其相互关系映射为 8 种人为错误模式（时间、过程、强度、速度、距离、错误方向、错误顺序和错误目标）和绩效形成因素 PSF。可以依据前因后果追溯表[201]和绩效形成因素表 PSF，判断风险之间的前因后果，并用单向关联箭头由"因"指向"果"。举例如下：H05（井洞口并没有完整的安全防护措施）→H02（高处作业人员安全带的系挂不符合规范要求），当没有护栏等防护设施时，高处作业的工人进入或走出井道时会遗忘安全带。

共变关联：上文提到，系统内事件、部件之间的关联不仅包括直接因果关联，还存在其他的依存关系，如人的不安全行为和物的不安全状态在环境中的交叉相互作用，产生能量的传递和转换，最终造成事故发生[191]。因此，本书将依据实证数据中由于某种共同的属性或者某种潜在的关系而同时被触发的风险关联，统称为"共变关联"。根据这类风险的属性可以将其分成四类，见表 2-1，因为该类型的关联没有明确的前因后果指向，所以采用双箭头表示该逻辑指向。

负相关关联：此外，风险之间还存在一种负相关关系，即在一定的时间内，前置风险出现且被消除，对后置风险的形成产生了约束，致使其降低了发生的可能性。Salmon 提出的过程因果理论指出在结果发生前，前因的发生创造了时空上的变动[202]，即可以通过环境和人对其不断施加影响，造成负向的结果。以施工现场检查为例，一旦发现某个风险需要立即消除，则预制有负相关关联的风险发生的可能性也会减少，例如，当 H05（井洞口并没有完整的安全防护措施）出现时，会责令工人现场整改，在维护的过程中，会将该空间范围内的其他相关防护进行加固，包括 H34（未安装地面防护围栏门联锁保护装置），因此 H05 与 H34 出现了负相关关联。本书中用虚线单向箭头由前因指向结果。

2. 风险耦合类型的过滤和修正

在对风险节点和风险耦合类型进行分类后，首先完成风险因果关联的对应，然后通过计算风险之间统计意义上的相关性作为共变关联的前提。本书选用卡方检验计算风险与其同时发生的风险之间的关联是否显著性作为判别依据，具体方法如下[203]：

$$K^2 = \frac{N(ad-bc)^2}{(a+b)(c+d)(a+c)(b+d)} \tag{2-1}$$

式(2-1)中,a 表示两个风险同时发生的次数,b 和 c 分别表示其中一个发生另外一个不发生的次数,d 表示两个风险都没有发生的次数,$N=a+b+c+d$ 表示总样本量。由于本书采用四格表卡方,所以检验的自由度为 1,当显著性水平 $\alpha=0.05$ 时,通过查表可知,卡方值为 $0.348^{[203]}$。当 a,b,c,d 的理论数均大于 5 时,通过式(2-1)计算得到不同风险(网络节点)两两之间的卡方值,若 K^2 大于 3.841,说明风险之间存在统计意义上的显著相关性,如果 K^2 不大于 3.841,表示风险关联没有统计显著相关性,需要在风险耦合网路中删去这个关联。如果 a,b,c,d 的理论数均小于 5 且大于 1,同时总样本数大于 40,则采用以下的校正公式:

$$K^2 = \frac{N\left(\mid ad-bc \mid - \frac{N}{2}\right)^2}{(a+b)(c+d)(a+c)(b+d)} \tag{2-2}$$

若 a,b,c,d 的理论数存在小于 1 的情况,或总样本数小于 40,则采用费希尔精确检验,具体公式如下:

$$p = \frac{(a+b)!\ (a+c)!\ (b+c)!\ (c+d)!}{a!\ b!\ c!\ d!\ N!} \tag{2-3}$$

在通过统计相关性检验确定共变关联后,可能会出现两个风险既定义了因果关联又通过数据确定了共变关联。对于这种情况,本书采用如下两个原则:第一,依据专家经验,判断该风险关联何种类型更合理;第二,如果根据专家经验仍然无法判定,则优先定义其为因果关联。

然后,为了保证风险关联具有实际意义,对五名具有丰富工作经验(10年至 25 年)的安全检查人员以焦点小组形式进行讨论,对基于理论构建的风险关联和基于相关性检验得到的共变关联进行验证和工程解释$^{[203]}$。本研究对风险关联类型的修正遵循负命题逻辑。五位检查官中,有两位及以上认为预设的风险关联在他们的经验中没有证据,则对此关联进行删除或者修正到至少四位安全官认可。具体的修正方式包括修改风险关联类型(如根据实际意义将因果关联修正为共变关联)、调整因果关联指向(如根据理论确定的因果关联指向没有意义,其反向关联具有实际意义)和删除无实际意义的风险关联。

3. 计算风险关联强度

风险关联强度可以理解为前置风险发生对后置风险的影响,通过风险发生概率和风险的后果严重程度实现。定义风险 B 是风险 A 的前置风险,

即 B→A,风险耦合的关联强度用 M_{BA} 来表示,计算公式为

$$M_{BA} = P(A \mid B)C_B \tag{2-4}$$

$P(A|B)$ 表示在风险 B 发生的条件下风险 A 的发生概率,C_B 表示风险 B 的后果严重程度,可以由专家打分结合工程标准(JGJ59—2011)得到。

$P(A|B)$ 的条件概率计算公式为

$$P(A \mid B) = \frac{P(AB)}{P(B)} \tag{2-5}$$

$P(B)$ 表示风险 B 的发生概率,同样采用数据记录中风险 B 的发生次数进行计算。通过数据统计分析可知风险的发生与事故类似,都属于小概率事件,且引起事故或者风险的主体是独立的,一定时间或者空间内的事故或者风险的发生概率是稳定的,因此本书假设风险的发生符合泊松分布。在以往的研究中泊松分布可以用来模拟此类风险的发生概率[204-205]。下式给出了在一个区间内观察 k 个事件的概率:

$$P(X=k) = \frac{\lambda^k}{k!}e^{-\lambda} \tag{2-6}$$

其中,X 是随机变量,λ 是每间隔事件的平均数量,k 是一个非负整数。发生风险的概率为

$$P(X>0) = 1 - P(X=0) = 1 - \frac{\lambda^0}{0!}e^{-\lambda} = 1 - e^{-\lambda} \tag{2-7}$$

根据泊松分布的特点,随机变量 X 的均值为

$$E(x) = \lambda \tag{2-8}$$

因此,样本中风险的均值可以作为泊松分布中参数的估计量 λ 去计算风险的发生概率。

因为本书使用的数据样本来源于安全检查记录,属于小样本量,为了克服样本量小造成的估计偏差,采用 bootstrap 方法从安全检查记录中进行随机不放回抽样,形成最终样本数。例如,采用此方法一共生成了 5000 个样本。则计算第 i 个样本的风险均值作为参数的估计量 $\bar{\lambda}_i$,$\bar{\lambda}$ 作为最终的参数估计值,可以由下式得到:

$$\bar{\lambda} = \frac{\sum\limits_{i=1}^{5000}\bar{\lambda}_i}{5000} \tag{2-9}$$

因此该风险的发生频率可以表示为

$$p(X>0) = 1 - e^{-\bar{\lambda}} \tag{2-10}$$

则风险 B 的发生频率可以由式(2-10)获得。

$P(AB)$ 表示风险 A 和风险 B 同时发生的概率,本书根据安全检查记录中风险 A 和风险 B 出现的频次,进行计算,公式如下:

$$P(AB) = \frac{n(AB)}{m} \tag{2-11}$$

$n(AB)$ 表示 A 和 B 同时发生的检验记录的次数,这里将在一次安全检查中风险 A 和风险 B 同时出现的情况记为 1 次,如果该次检查中风险 A 或风险 B 出现不止一次,按同时出现 1 次记;m 表示检查记录的总检查次数。

通过计算风险关联强度,可以形成最终的风险关联矩阵。

4. 生成风险耦合网络

风险关联矩阵可以用来构建风险耦合网络。网络结构可以用具有拓扑结构的图来表示,可以理解为对实际关联的抽象概括。社会网络分析的应用引入了多种理论,其中最著名的有图论、平衡论、社会比较论。图(graph)是由点和相互连接的边构成,可以表示为 $G(V,E)$,其中 V 表示节点的集合,E 是表征节点之间关系的边的集合。

本书定义的风险节点可以作为网络图中的节点,风险耦合是具有方向性的节点顺序配对,用来表征网络中的边。基于风险节点之间的边是有方向的,因此形成的图是有向图。根据是否出现从某一给定节点出发最终回到该节点的情况,可以将网络图分为有向无环图和有向有环图,如图 2-2 所示,该网络由 v1,v2,v3,v4 四个节点和(v1,v2)(v1,v3)(v2,v3)(v3,v4)组成,对比图 2-2(b),图 2-2(a)中当从 v1 节点出发,途经 v2,最后从 v3 又指向 v1 的时候,记为有环图。网络中的边是可以加权的,因此本书采用前面计算的风险关联强度作为网络中边的权重。

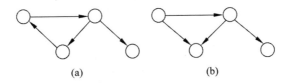

(a)　　　　　　　　　　(b)

图 2-2　基础网络示意图

(a) 有向有环网络;(b) 有向无环网络

通过对网络结构整体的密度、凝聚度、中心度等指标进行计算,见表 2-2,可以了解作为系统框架的风险耦合网络的基本特征,同时可以对网络中风险节点的中心度(出度中心度、中间中心度和地位中心度)进行计算,了解对网

络结构有突出影响的风险。各指标的具体含义见表 2-2[206],本书采用
Ucinet 6 软件包和 Net Miner 4 图形绘制包生成网络图并计算网络特征
结果[207]。

表 2-2　风险网络整体与个体指标含义

测量指标		指标含义
网络结构指标	密度	图中各个点之间联络的紧密程度,固定规模的点之间的连线越多,该图的密度就越大
	凝聚度	网络中各节点接近程度
	中心势	整体网络中所有节点的接近集中趋势
风险个体指标	出度中心度	该节点指向其他直接相连节点的个数,表征该点在网络中的直接影响力
	中间中心度	网络中两点之间的最短路径经过该点的次数,表征该点在网络中的调节能力
	特征向量中心度	网络中与该点相邻的节点的重要性可以用来衡量该节点在网络中的价值

2.3　风险耦合网络建模的实证研究

2.3.1　实证数据收集和预处理

（1）数据来源

本书实证数据来源于青岛市的 7 个建筑工程。根据《建筑施工安全检
查标准》(JGJ59—2011)[208-209],第三方安全检查员每周对每个项目进行现
场检查并记录。检查过程中检查人员指示现场施工小组在规定的期限内纠
正特定的风险,例如,需要立即整改或限期整改(3 天、5 天等),然后在相应
期限内检查风险整改情况并做记录。现场风险检查记录主要包括具体位
置、风险内容、发生日期、规定的整改期限和整改状态。在 2016 年 6 月至
2018 年 8 月期间,共计 7 个项目 2098 笔的风险记录。检查数据通过安全
管理平台提供给项目方,与本学术研究团队共享,作为本书分析的数据库。
附录 A 列出了记录表单样例。

（2）数据预处理

在获得检查记录后,首先设计标准化数据结构表单,该表单能够包含所
有风险编码和风险描述,能够将收集的现场检查记录转化为可以计算的二
值格式,作为统计基础。参考《建筑施工安全检查标准》(JGJ59—2011)中

的风险以及工程专家基于青岛环境特点提出的风险作为标准风险库,总共有 734 条不同的风险内容,依次编码为 H01,H02,H03,…,H734。例如,风险 H05 表示"井洞口并没有完整的安全防护措施"。然后将每次现场检查记录按照风险编码进行汇总,一次检查中某风险出现 1 次,则记为"1",未发生记为"0",若一笔检查中出现多次,则记录相应的次数"n",具体形式见附录 B。

（3）风险后果严重性赋值

采用《建筑施工安全检查标准》(JGJ59—2011)中建筑施工安全分项检查评分表中风险分值,作为本体系中判断风险后果严重性的分值。具体如附录 B 中"风险后果"一行。

2.3.2　施工现场风险耦合网络构建

为了定义风险节点和风险耦合类型,根据标准风险库中 734 个施工现场风险的描述,参考认知可靠度和失误分析方法(CREAM)及绩效形成因素 PSF 的分类和内涵[200],将风险分别映射到相应类别,施工现场风险的最终分类为时间、过程、强度、速度、距离、错误方向、错误顺序、错误目标、不良环境、不适当地点和不完善的质量控制,见表 2-3,然后根据前因后果追溯表[201]确定风险之间的理论因果关联。

表 2-3　基于 CREAM 和 PSF 的风险分类

错误模式	风险[209]
序列	H02：高处作业人员安全带的系挂不符合规范要求 H03：施工作业人员佩戴安全帽时没有系紧帽带 H15：经检查发现作业人员从楼层进出吊篮
决策失误	H12：通道设置不符合要求
延迟解释	H22：双排落地式脚手架搭设到规定高度后没有及时设置剪刀撑
诊断失败	H36：塔式起重机顶部高度超过 30m 且高于周围建筑物,没有安装障碍指示灯
错过观察	H18：支护结构水平位移达到设计报警值,未采取有效控制措施 H30：剪刀撑或斜杆设置不符合规范要求 H32：立杆伸出顶层水平杆的长度超过规范要求
知识培训不充分	H43：悬挑式脚手架悬挑梁头端个别卸荷钢丝绳卡安装方向错误 H10：斜拉杆或钢丝绳未按要求在平台两侧各设置两道 H19：脚手架层间防护上杂物较多没有及时清理 H26：作业层里排架体与建筑物之间封闭不严 H41：悬挑式脚手架搭设到规定高度后没有及时设置剪刀撑

错误模式	风险[209]
技能培训不充分	H38：吊篮运行时安全钢丝绳没有张紧悬垂
不完善的质量控制	H08：临边防护设施、构造、强度不符合安全要求 H20：施工作业层的脚手板不符合要求
管理问题	H11：操作平台未按规定进行设计计算 H25：不安全的机械能量来源
不适当的计划	H01：架体全高与支撑跨度的乘积大于110m² H05：防护设施未形成定型化、工具式 H07：井洞口并没有完整的安全防护措施 H13：未设置人员上下专用通道 H16：相邻的吊篮上下立体交叉作业时安全防护不到位 H34：未安装地面防护围栏门联锁保护装置或联锁保护装置不灵敏 H35：多于一位工人共用一条生命线而导致生命线承重能力不足 H37：电焊作业时没有对钢丝绳采取保护措施 H40：施工作业层安全防护栏杆没有按规定设置，作业层未设置高度不小于180mm的挡脚板 H42：施工脚手架超过规定高度没有请专家组织论证

　　基于标准化的风险记录数据，采用卡方检验方法判断风险之间的共变关联是否显著（取显著性水平 $\alpha = 0.05$）；之后将基于理论确定的因果关联和基于数据确定的共变关联交由 5 人专家小组讨论，采用 2.3.1 节提到的负命题逻辑确定有无关联以及关联类型，最终确定的风险网络中存在 2514 条关联边。基于风险耦合强度计算公式，确定风险发生概率和风险关联下的条件概率，综合考虑风险的后果严重性程度，得到最终的风险耦合强度，形成风险耦合矩阵。将风险耦合矩阵输入 Ucinet 6 软件包和 Net Miner 4 图形绘制包，生成风险耦合网络图[210]。

　　由于全部节点和关联数目众多，生成的网络过于庞杂，这里挑选与坠落事故相关的风险和风险耦合生成的网络为例，进行结果展示，如图 2-3 所示，经统计该网络中有 43 个风险节点，其中因果关联 181 项，共变关联 40 项和负相关关联 9 项。

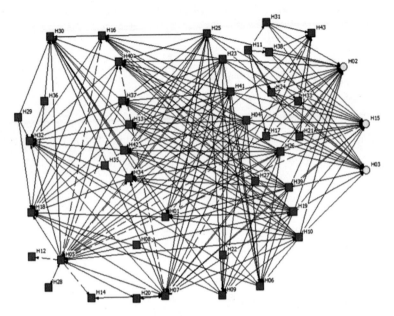

■ 绩效形成因子　○ 人因失误隐患

◀──▶ 共变关联　──▶ 因果关联　---▶ 负相关关联

图 2-3　与坠落相关的风险网络图

2.3.3　风险耦合网络特征分析

通过计算得到表征风险网络结构特征的指标结果及特征意义,见表 2-4。

表 2-4　网络结构特征指标结果及特征含义

网 络 指 标	结　　果	意　　义
密度	0.0033	网络节点分布比较稀疏
凝聚度	0.875	表示网络中节点的两个关联节点仍是关联节点的概率,说明该网络节点接近程度比较高
出度中心度	2.543%	网络中所有节点的接近集中趋势较低
入度中心度	0.965%	
中间中心度	1350.995	桥梁作用明显,有核心风险

本书计算和讨论网络中风险节点的出度中心度、中间中心度和向量中心度三个特征,这里分别列出三个指标排名前 20 的风险,分别见表 2-5、表 2-6、表 2-7。

表 2-5　出度中心度排名前 20 的风险

风　　险	出度中心度	中间中心度	向量中心度
安全管理资料需要补充内容	31.071	26152.95	4.745
钢筋加工区电缆线路拖地,没有架空或埋地敷设,采取电缆保护措施	29.667	45995.34	0
边坡支护存在漏筋现象	27.5	18510.57	0.002
落地式卸料平台与外双排脚手架相连	27.087	41659.84	0.024
施工层电焊机没有按安全要求设置专用开关箱	26.333	30824.07	0
塔吊自由高度超过青岛市汛期对塔吊自由高度的规定	21	7011.771	0
施工作业人员没有正确佩戴安全帽	21	35158.97	0
双排水平拉结点缺失	20.25	8232	38.266
顶层和个别楼层施工电梯楼层平台两侧防护栏杆、挡脚板的设置不符合安全要求	19	14175.11	0
现场电焊机零线采用钢筋代替	18.75	11209.99	0.878
现场使用的电焊机未配备灭火器	18.333	10011	0
现场电焊工作业时,氧气、乙炔瓶之间的安全距离较近,两瓶与作业人员的距离较近,且乙炔瓶无回火装置和减震圈	17.25	12622.75	0.154
现场作业层木工支模使用的手动切割机未采用小型带漏电保护器的开关箱	16.5	8715.572	0
钢平台周围安装固定防护栏杆不符合安全要求	15	23689.69	0.002
双排脚手架堆放施工材料	14.583	24712	0
电梯地面出入通道防护棚没有按规定要求搭设	14	15999.93	0
悬挑脚手架搭设未严格按照施工专项方案执行,型钢水平横担抱箍缺失、未加固	13.5	0	36.215
山墙处临时卸料平台未与建筑物有效拉结	13.5	0	36.215
安全通道搭设不规范	13.5	0	36.215
脚手架与主体间隙过大	13.5	0	36.215

表 2-6　中间中心度排名前 20 的风险

风　　险	出度中心度	中间中心度	向量中心度
地下室用电设备未按要求设置专用开关箱	13.067	58812.51	0.001
钢筋加工区电缆线路拖地,没有架空或埋地敷设、采取电缆保护措施	29.667	45995.34	0
个别高处作业人员没有按规定系挂安全带	3.5	45552.89	0.171
个别楼座通道口防护没有设置安全防护棚,不符合安全要求	11.5	44201.46	0
卸料平台与外双排脚手架相连	27.087	41659.84	0.024
电箱重复接地装置的接地极设置不符合规定要求	7.618	39298.29	0
电缆线路没有架空或埋地敷设	8	38069.31	0
施工电梯通道口没有完全封闭	0.35	36668.05	0
施工作业人员没有正确佩戴安全帽	21	35158.97	0
施工现场没有按规定要求单独设置消防水源	0.258	33788.04	0
施工层电焊机未设置专用开关箱	26.333	30824.07	0
施工电梯位置临边防护设施未及时做好防护、构造不符合安全要求	9.333	27649	0
吊篮上限位开关与上面的限位止挡装置不对应	3.3	27619.26	0
电梯井口硬防护不严密	3.438	26893.04	0.012
安全管理资料需要补充内容	31.071	26152.95	4.745
施工作业层超出安全规定高度,没有及时搭设脚手架	3.087	25366.73	0
钢悬挑梁头端未设置钢丝绳卸荷	1	24852.29	0.001
双排脚手架堆放施工材料	14.583	24712	0
钢平台周围安装固定防护栏杆不符合安全要求	15	23689.69	0.002
乙炔瓶仪表损坏没有更换	0.171	23044.53	0

表 2-7　向量中心度排名前 20 的风险

风　　险	出度中心度	中间中心度	向量中心度
双排水平拉结点缺失	20.25	8232	38.266
悬挑脚手架搭设未严格按照施工专项方案执行,型钢水平横担抱箍缺失、未加固	13.5	0	36.215
山墙处临时卸料平台未与建筑物有效拉结	13.5	0	36.215
安全通道搭设不规范	13.5	0	36.215
脚手架与主体间隙过大	13.5	0	36.215
脚手架一层水平网不规范	13.5	0	36.215
电梯井、采光井未设置临边防护及内软防护和硬防护	13.5	0	36.215
马道转角处无水平杆	13.5	0	36.215
通行马道有障碍,无安全标示及保护措施	13.5	0	36.215
外双排转角处无剪刀撑	13.5	0	36.215
现场消防器材不足	13.5	0	36.215
现场施工人员有抽烟现象	13.5	0	36.215
现场施工材料未集中堆放	13.5	0	36.215
安全技术措施不完善	13.5	0	36.215
无安全生产管理目标	13.5	0	36.215
外排脚手架存在大眼平网缺少	5.75	0	4.749
卸料平台处与外双排脚手架之间的通道位置上方无硬防护	5.75	0	4.749
塔吊吊运容器装载较多	5.75	0	4.749
开关箱有两路单项手持电动工具使用的电缆线是二芯,不符合安全要求	5.75	0	4.749
钢筋棚、木工棚固定型机械设备的金属外壳同时做了接零和接地保护	5.75	0	4.749

出度中心度表征该风险在网络中的直接影响力,而中间中心度表示该风险在网络中的连接能力或协调能力,可以发现出度中心度前 20 的风险的中间中心度也比较大,例如,出度中心度最高的风险(安全管理资料需要补充内容),其中间中心度排在第 15 位,而排在第 2 位的钢筋加工区电缆保护的风险,其中间中心度排在第 2 位,说明这两个风险在网络中不仅直接影响众多风险,同时还具有很强的调节能力,需要格外关注。出度中心度比较靠前的还有风险"塔吊自由高度超过青岛市汛期对塔吊自由高度的规定",该

风险是由项目中专业检查人员依据青岛气候特征加入到检查清单。与出度中心度和中间中心度结果差异较大的是向量中心度,该指标是通过与风险相邻的节点的重要性衡量该风险在网络中的价值。除了排在第一位的风险具有中间中心度,剩下的排名前 20 的风险的中间中心度均为 0,说明这些风险只向外触发新的风险,而且作为其后置节点的风险关联强度(发生频次或后果)较大,因此这类风险一旦被发现,其后置风险也将是重点检查对象。

2.4　小　　结

　　本章从系统论角度分析了系统安全评价的构成要素,并从事故因果模型的基本假设出发讨论分析了系统中风险耦合作用,构建了基于风险耦合的系统框架,并基于山东青岛工程项目的数据对该网络框架进行了实证研究。首先为了深入理解系统安全评价的构成要素,本章基于系统论的基本概念,将系统安全评价分为两个维度,一方面,对于系统中的部件可对应于工程现场施工的风险,不同风险的发生和相互关联,都会对系统可靠性产生影响;另一方面,基于系统安全性的涌现性,系统安全性需要考虑系统中风险以及风险关联所受的管理约束。因此,从系统视角出发,对建设项目施工现场的安全性做出评价既要考虑现场存在的不安全因素,也要考虑控制和约束产生的作用力,同时关注这些因素的内在关联对系统可靠性的影响。本章的第二部分主要构建了基于风险耦合网络作为系统安全评价框架,主要包括基于事故致因理论构建风险因果关联,结合作用变化理论和轨迹交叉理论,采用实证数据构建风险共变关联,同时进行专家访谈确定最终风险耦合,探究风险之间的相互影响关系。随后,通过计算风险关联强度获得风险耦合矩阵,形成可视化的风险耦合网络,分析风险耦合网络特征,为下一步基于级联触发的风险耦合模型建模和系统安全的动态评价模型提供框架基础。最后,在山东青岛工程项目的现场风险检查数据上开展了实证研究,构建出包含 734 个风险节点、2514 条有向关联的风险耦合网络,通过网络结构整体特征和个体特征的分析,结果显示,风险耦合网络可以反映施工现场系统内部风险关联关系,并且基于风险节点在网络中的不同特征,确定关键风险。

　　本章构建的风险耦合网络是系统安全评价的基本框架,网络中的风险和风险耦合虽然满足了系统安全评价要求对系统要素之间的相关性的探索,但是此阶段还无法分析系统中风险触发路径的非直接致因关系,而且从实证研究看出,风险耦合网络十分繁冗,如何优化风险耦合网络有待进一步探索。因此第 3 章将从级联故障分析的角度,以风险耦合网络作为结构基础,提出基于风险级联触发的风险耦合网络模型,探究风险级联触发机理。

第3章 基于级联触发的风险耦合模型

3.1 理论基础及研究方法

当系统中的所有组件都可靠时,即使所有组件都没有故障,事故仍然有可能发生,因此系统中组件的细微变化也都可能促使系统产生连锁变化。在工程领域中,当系统中的组件不工作或者没有达到组件的预期功能时,定义此时组件失效,组件失效事故已经受到工程领域的高度关注[211]。随着系统设计复杂性的增加,组件交互事故变得更加常见,即使能通过设计清楚地理解组件之间潜在的交互行为及有计划地进行预测和防护[212],然而,如国内外研究综述中所讲,在现有的风险分析方法研究中,虽然考虑到系统中风险关联作用,但是因为将风险的发生处理成离散变量,风险仅存在发生和不发生两种状态,无法将风险耦合作用过程中对系统不安全状态的影响定量描述,也无法探究系统内部具体的风险触发机制。即使有效的管理措施可以有效阻止风险的发生,但是未发生的风险也残存发生的可能性,介于发生和不发生之间。而且由于工作环境或前置风险的影响,风险发生的可能性也会不同,对系统造成的影响也不相同。

因此本章基于第2章构建的复杂的风险耦合网络,将风险的发生视为连续变量,并参考系统工程中常用的级联故障分析方法范式,从而模拟系统中风险级联触发过程,简化风险耦合网络中的冗余信息,探究风险级联触发机理。

级联故障是导致电力系统出现事故的主要原因,现阶段电网的大规模互联成为电力系统的发展趋势,因此避免级联故障引起的电网事故成为众多研究者的焦点。电力系统中常见的网络失效模式就可以由级联故障分析范式得出[123]。在初始运行阶段,当系统中的组件荷载超过其阈值,例如,电网中的某一个发电机出现故障,可以由预先设计的备用发电机或者其他线路上的发电机顶替其功能,因此在短时间内并不一定会直接引发系统故障,而是在长期运行中,通过影响其他直接或间接关联的组件,使其出现故障或失效[130],这种级联触发效应不断循环,造成了电网系统出现大范围组件故障、孤岛障碍、电网负载高度损失等严重后果,甚至酿成事故[124-125]。

建设工程系统的风险级联触发与电力系统的级联故障具有以下三个层面上的相似属性。其一,系统中的风险关联网络与电力系统一样具备节点、有向边以及可以动态变化等特征;其二,电力系统中的组件会承担一定数值的功率流,即荷载,当荷载超过其阈值时会出现一定的破坏,在风险关联网络中,如果将风险状态视为连续变量,那么在一定区间内风险虽然有发生的可能性但并不会被触发,只有当超出这个区间时,才会以一定概率被触发;其三,当组件的荷载超过其最大容量时,被认为是组件失效,电力系统会根据荷载重分配确定是否有新失效元件出现,找出由失效组件引起的级联故障的路径,同样在风险关联网络中,基于风险之间的因果关联或共变关联,风险的触发会引起其邻接风险或间接风险的发生,形成风险级联触发路径。因此,本书将电力系统中的级联故障分析范式迁移运用到系统安全风险分析当中,分析风险级联触发过程。

当前,级联故障分析模型还应用于融资融券交易、交通工程、城市脆弱性、水利工程等多个领域[126-129]。研究者也相应开发了多种级联故障分析模型[124-125],见表 3-1,通过对不同模型的适用范围和研究焦点进行比对,本书将采用适用于复杂网络的相互关联模型进行风险级联故障模拟和分析。

表 3-1   不同模型的适用范围和研究焦点

方　　法	特　　点
拓扑模型	模型基于复杂网络理论建立,主要考虑拓扑结构特征,但是对电网特征考虑不足
动态仿真模型	重视电力系统的动态特性,同时将级联故障过程中的偶然情况纳入考虑范围,运算速度有所限制
随机模拟模型	需要尽量考虑更多因素以模拟不确定性巨大的级联故障,常面临巨大的计算量挑战
高水平统计模型	选择适当忽略级联故障机制的一些细节,以高效率地获得对级联故障的总体把握
相互关联模型	以相互关联网络模拟智能电网,运用计算机技术进行风险模拟和评估

3.2　基于级联触发的风险耦合模型构建

本节基于风险状态的连续性假设,从复杂网络的视角对风险耦合网络中风险的扩散过程应用级联故障分析范式,量化风险发生的不确定性,探究风险的传播范围,明确风险级联触发路径。

3.2.1　定义风险荷载

首先通过将风险状态视为连续变量,获得风险发生的临界容量,为实现风险级联触发奠定基础。这里引入风险发生的不确定性(uncertainty),当风险发生的不确定性范围很大时,即使风险发生的可能性(概率)很高,如果没有超出其不确定性范围,也很少有机会触发,也就是说,当风险发生的不确定性超过其本身的发生能力时,才会以一定的可能性触发。例如,防护栏缺失是施工现场一个常见的风险,会引起工人疏忽而忘记佩戴安全带,但并不是只要防护栏缺失发生,工人就会忘记佩戴安全带,而是当防护栏缺失得比较严重,造成井道口出现大面积的缺口,使得工人直接进入井道口而忽略了佩戴安全带的要求的可能性大幅提高,以至于最后触发了此风险。这种超载的概率代表了风险触发可能性的概率,通常由专家评估决定[131-133],或根据实际检验数据计算[81]。超载概率可以用指定置信水平的置信区间来表示,即采用指标观测值的差异程度来反映指标的超载概率,而不是用单一的固定概率来表示,这使工程师能够做出更明智的决策[134]。在研究电力系统网络中不确定性的传播时,研究人员使用了历史可靠性指数来确定与输入数据可靠性相关的不确定性[135]。而在分析投资风险时,黄亮亮等学者采用证券组合收益率的标准差量化实际收益偏离预期收益的程度[213]。借鉴以上学者的观点,本书采用风险发生概率观测值的差异程度,即风险发生概率的标准偏差 σ,作为可容纳风险发生的偏离上限,记为风险发生承载力 c。因此,在文本的级联失效分析中,将风险发生的不确定性作为风险荷载,当风险的传播荷载超过其承载力后,可以根据其发生的概率被触发。

3.2.2　风险级联触发过程及假设

基于第 2 章提出的风险耦合网络和级联触发分析范式,可以模拟风险传播过程。假设风险耦合网络中的第 i 个风险($i=1,2,\cdots,N$)的荷载承载

力为 $c_i(c_i = \sigma_i)$，其在某一时刻（阶段）t 接受的传播荷载为 $L_i(t)$，如果 $L_i(t) > c_i$，则表示该节点超出了可承受的范围，有触发的可能，否则表明该节点未被触发，但不排除有潜在的风险性，仍会影响其关联风险。级联故障分析范式在应用中应该同时遵守以下三个假设。

假设 1：当风险网络中某项风险的荷载变化时，会引起荷载在网络中的重新分配。重分配时，由荷载产生变化的风险将荷载按风险间的关联权重分配给相关联的、荷载未产生变化的风险。当多个风险同时发生时，每个风险的发生是相互独立的，其对同一风险的传播荷载是可以叠加的。例如，如果 H07 和 H19 同时发生，两种风险的发生概率是相互独立的，在下一个传播阶段，两种风险对 H34 不确定性的影响可以叠加。因此荷载的重分配计算如下：

$$L_i(t+1) = L_i(t) + \sum_{j \in \mathrm{BR}(t)} L_j(t) \frac{P(i \mid j)}{\sum\limits_{m \in \mathrm{CR}(j)} P(m \mid j)} \tag{3-1}$$

式（3-1）中，$\mathrm{BR}(t)$ 为 t 时荷载变化的风险集合，风险 j 属于 $\mathrm{BR}(t)$，与风险 j 存在直接关联且未曾产生负载变化的风险集合为 $\mathrm{CR}(j)$，风险 i 属于 $\mathrm{CR}(j)$。$P(i|j)$ 为风险 i 在风险 j 被触发的前提下被触发的条件概率，计算如下：

$$P(i \mid j) = \frac{n(i \cap j)}{n(j)} \tag{3-2}$$

式（3-2）中，$n(i \cap j)$ 为风险 i 和风险 j 都被触发的次数，$n(j)$ 为风险 j 被触发的次数。

假设 2：因为风险耦合网络中存在因果关联也存在共变关联，因此会存在一定的环，为了防止产生循环传播，在由同一个风险 i 引起的触发路径中，接受传播荷载的风险 j 被触发一次并向外传播荷载后即表示失效，不再被触发；而接受荷载后如果没有被触发，则仍可向外传播和接受新的荷载，循环直到由该节点传播的荷载没有引起任何其他风险的发生，则该循环结束。

假设 3：当没有网络中节点的荷载变化发生时，风险级联触发过程结束。

基于上述假设，如果节点上的负载在某时刻发生变化，则由于节点之间的相互依存关系，会在某时刻影响到相邻的所有节点。图 3-1 提供了一个示例：如果节点 1 最初被触发，与它直接相关的后置节点为 2、3、4，在节点 1 的节点荷载传递过程中，风险 3 达到了承载力被触发。节点 2 和节点 4

都没有被触发。在 $t=3$ 阶段,由节点 2 将荷载传递给节点 4,节点 4 的荷载即等于由节点 1 传递的荷载和节点 2 传递的荷载之和,但因为未达到其承载力而没有触发。同时,节点 3 将其荷载传递给节点 5,并引起节点 5 被触发,其荷载会在下一阶段按权重分配给节点 4,但因节点 4 并没有后置节点,所以在此阶段整个网络荷载传递结束。

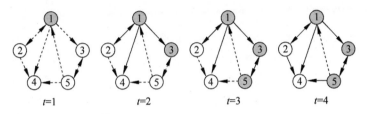

图 3-1　风险级联触发过程展示

3.2.3　去噪计算

根据网络分析相关的文献回顾,可知当使用数据学习构建网络时,网络的复杂性与输入数据量的平方成正比,这意味着网络的构建过程可能是费力而缓慢的,并且有相当大的噪声[107]。通过级联故障分析,过滤掉没超过到风险发生区间的情况,找出控制关键风险和风险网络中的关键耦合,可以显著降低网络密度[120,122]。因此,本书以荷载传递过程中网络中未被触发风险的比例衡量网络中风险的屏蔽效率,称为风险屏蔽率,记为 r。风险屏蔽率的计算如下所示:

$$r = \frac{n(\text{not triggered})}{n(\text{affected})} = \frac{n(\text{affected}) - n(\text{triggered})}{n(\text{affected})} \tag{3-3}$$

式(3-3)中,$n(\text{affected})$ 表示在级联触发过程中,因风险传播而导致负载变化的风险总数,$n(\text{nottriggered})$ 表示负载变化的风险中不被触发风险的总数,$n(\text{triggered})$ 表示负载变化的风险中未被触发风险的总数,$n(\text{affected})$ 为 n(not triggered) 和 $n(\text{triggered})$ 的加和。

3.3　风险级联触发机理研究

从第 2 章实证分析得到的风险耦合网络可以看出,网络中节点众多,关联错综复杂,其中有的风险的直接关联风险数目超过 40 条。因此一旦某一个风险发生,在对其传播路径进行分析时,运算量大,也不切实际。所以,本节将采用级联故障分析范式,选取实证的风险耦合网络中与坠落事故相关的网络作为研究对象(具体构建过程见 2.3 节),模拟风险级联触发过程。

3.3.1　风险承载力的计算

风险承载力可以用指定置信水平的置信区间来表示,基于工程数据样本量不足的特点,本书采用 bootstraping 方法[214-215],通过将小样本转化为大样本,用风险发生的方差来计算小样本中风险发生不确定性概率模型[134]。Bootstraping 的基本思想虽然比较简单,但对统计理论和一些传统问题的解决有深刻的影响[216]。因此,在构建了风险系统的拓扑结构后,采用 bootstraping 方法(自举法)计算风险发生概率的标准差作为风险承载力。步骤如下[106]:首先,从原始样本中随机抽取 30 000 个点,重复 5000 次建立新样本;其次,在采样过程中,计算第 j 次采样中第 i 个风险的发生概率 P_{ij},等于该风险发生次数与样本数的比值;最后,计算样本中第 i 个风险发生概率的标准差 σ_i,如式(3-4)所示,这部分计算使用 MATLAB 实现。

$$\sigma_i = \sqrt{\frac{5000\sum_{j=1}^{5000} P_{ij}^2 - \left(\sum_{j=1}^{5000} P_{ij}\right)^2}{5000^2}} \qquad (3\text{-}4)$$

3.3.2　风险级联触发过程模拟

基于风险耦合网络和 bootstraping 算法,得到了各风险的承载力。其中,最大的风险承载力比最小的风险承载力大 50 倍以上,说明风险发生的不确定性存在较大差异。本书分别挑选承载力不同的两个风险节点 H05 和 H19,以不同的初始风险荷载进行级联故障过程模拟。

1. 风险级联触发过程模拟

首先假设初始施加荷载为 H05 的承载力的 2 倍,即 $2\sigma_{05}$,然后基于风险荷载计算公式(4-1)计算每一个传播阶段的风险荷载,判断风险触发与否,直到传递结束。H05 模拟中风险级联触发结果的展示如图 3-2、图 3-3 和图 3-4 所示,统计分析见表 3-2、表 3-3 和表 3-4。

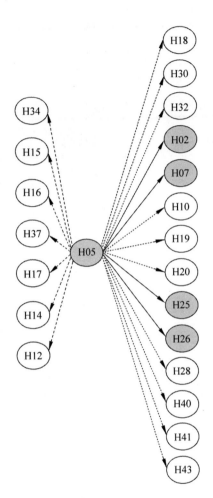

图 3-2　风险级联触发过程($t=2$)

H05 风险级联触发模拟结果的统计分析见表 3-2。在 $t=2$ 阶段,有 14 种风险的荷载因直接关联的传递作用发生变化。其中 4 种风险被触发,而其他 10 种没有触发,这意味着风险屏蔽率为 $10/14=71\%$。类似地,如表 3-3 所示,在 $t=3$ 阶段,有 16 种风险受到了前置风险的荷载扩散,见表 3-3。其中 9 种是触发的,这意味着此时风险屏蔽率为 43%。如表 3-4 所示,在 $t=4$ 阶段,仅有 2 种风险的荷载发生变化且均超过其承载力而被触发,此时风险屏蔽率为 0。

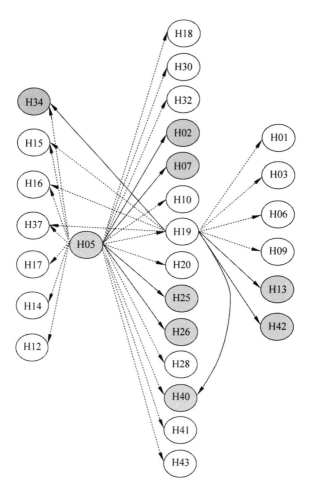

图 3-3　风险级联触发过程（$t=3$）

在 $t=4$ 阶段，由于与上一阶段相关联的风险节点要么已经在前面阶段触发了，要么就在这一阶段被触发，如 H30 和 H32，它们在 $t=2$ 阶段就已经被 H05 影响，因此到此阶段风险级联故障过程结束。在这个过程中，总共有 32 种风险显示了由风险传播引起的荷载变化。其中被触发的为 15 种，未触发的为 17 种，风险屏蔽率为 53%。模拟结果表明，风险级联过程基于风险荷载的再分配，能够区分风险在传播过程中被触发的风险，并对风险的触发路径进行过滤和简化。

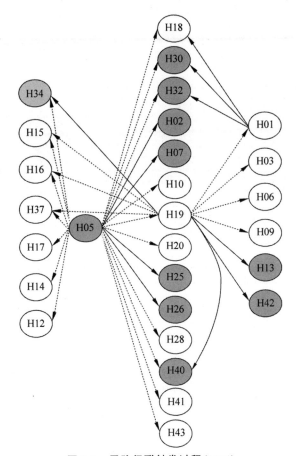

图 3-4 风险级联触发过程($t = 4$)

表 3-2 2 倍承载力下的 H05 级联触发结果($t = 2$)

风险编号	风险内容	风险荷载	承载力	状态
10	斜拉杆或钢丝绳未按要求在平台两侧各设置两道	0.0033	0.0034	0
26	作业层里排架体与建筑物之间封闭不严	0.0047	0.0041	1
2	高处作业人员安全带的系挂不符合规范要求	0.0032	0.0031	1
19	脚手架层间防护上杂物较多,没有及时清理	0.0035	0.0037	0
25	搭设高度超过 24m 的双排脚手架未采用刚性连墙件与建筑结构可靠连接,扣 10 分	0.0030	0.0030	1
35	施工电梯梯井中多人共用一条安全绳	0.0030	0.0034	0
40	施工作业层安全防护栏杆没有按规定设置,作业层未设置高度不小于 180mm 的挡脚板	0.0027	0.0029	0

风险编号	风险内容	风险荷载	承载力	状态
41	施工脚手架超过规定高度,没有请专家组织论证	0.0032	0.0042	0
7	防护设施未形成定型化、工具式	0.0110	0.0081	1
28	架体底部扫地杆设置不符合安全规定要求	0.0020	0.0020	0
43	悬挑式脚手架悬挑梁头端个别卸荷钢丝绳卡扣安装方向错误	0.0024	0.0030	0
18	支护结构水平位移达到设计报警值,未采取有效控制措施	0.0017	0.0030	0
32	立杆伸出顶层水平杆的长度超过规范要求	0.0011	0.0017	0
30	剪刀撑或斜杆设置不符合规范要求	0.0011	0.0021	0

表 3-3　2 倍承载力下的 H05 级联触发结果($t=3$)

风险编号	风险内容	风险荷载	承载力	状态
34	未安装地面防护围栏门联锁保护装置或联锁保护装置不灵敏	0.0104	0.0044	1
40	施工作业层安全防护栏杆没有按规定设置,作业层未设置高度不小于 180mm 的挡脚板	0.0111	0.0029	1
13	未设置人员上下专用通道	0.0008	0.0004	1
42	施工脚手架超过规定高度,没有请专家组织论证	0.0012	0.0006	1
3	施工作业人员佩戴安全帽时没有系紧帽带	0.0012	0.0013	0
9	悬空作业处未设置防护栏杆或其他可靠的安全设施	0.0004	0.0005	0
37	电焊作业时没有对钢丝绳采取保护措施	0.0015	0.0026	0
16	相邻的吊篮上、下立体交叉作业时安全防护不到位	0.0014	0.0028	0
1	架体全高与支撑跨度的乘积大于 110m²	0.0002	0.0005	0
6	施工中的楼梯边口没有设置防护栏杆	0.0002	0.0005	0
15	经检查发现作业人员从楼层进出吊篮	0.0037	0.0041	0
14	附着式升降脚手架没有安装同步控制装置或技术性能不符合规范要求	0.0028	0.0027	1
18	支护结构水平位移达到设计报警值,未采取有效控制措施	0.0118	0.0030	1
10	斜拉杆或钢丝绳未按要求在平台两侧各设置两道	0.0046	0.0034	1
41	悬挑式脚手架搭设到规定高度后没有及时设置剪刀撑	0.0048	0.0042	1
19	脚手架层间防护上杂物较多,没有及时清理	0.0050	0.0037	1

表 3-4　2 倍承载力下的 H05 级联触发结果($t=4$)

风险编号	风险内容	风险荷载	承载力	状态
30	剪刀撑或斜杆设置不符合规范要求	0.0088	0.0021	1
32	立杆伸出顶层水平杆的长度超过规范要求	0.0102	0.0017	1

2. 同一节点不同荷载水平

分别对风险 H05 施加 2 倍和 5 倍承载力,在保持其他风险负荷与初始状态不变的情况下,进行级联故障过程模拟,比较两种不同荷载水平下的风险传递路径和风险屏蔽率。表 3-5 显示,在风险荷载传递过程中,一些风险可以被直接屏蔽,减少了风险检查相关的工作量。在比较不同负荷水平下的风险屏蔽率时,即使风险发生概率不变,同一个风险随着荷载水平的增加,风险屏蔽率呈下降趋势。在级联触发过程中,荷载的任何增加都会重新分配给其相关联风险,因此荷载重新分配后风险接受的荷载也会增加,使得这些风险更有可能超过本身发生承载力而被触发,因此导致风险屏蔽率下降。在实践中,可以解释为 H05 没有完整的安全防护措施,包括洞口护栏缺失,当护栏缺失程度比较低时,并不会引起工人疏忽而忘记佩戴安全带。只有当防护栏缺失的比较严重,造成井道口出现大面积的缺口,才会使工人直接进入井道口而忽略佩戴安全带的要求的可能性大幅提高。

表 3-5　不同荷载水平下的风险屏蔽率

阶段	$2\sigma_{05}=0.0219$			$5\sigma_{05}=0.0549$		
	触发	未触发	屏蔽率	触发	未触发	屏蔽率
$t=2$	4	10	71%	11	3	21%
$t=3$	9	7	43%	10	6	38%
$t=4$	2	0	0	1	0	0
全过程	15	17	53%	20	9	31%

3. 不同节点同一荷载水平

为了比较荷载水平增加对不同风险的影响,将 H05 和 H19 的初始荷载提高到原来的两倍,而其他风险的初始荷载保持不变。模拟级联触发过程后,计算并比较了两者的风险屏蔽率。如表 3-6 所示,由 H05 触发的级联过程的风险屏蔽率低于 H19,甚至在 $t=2$ 阶段,与其直接相关联的风险都没有达到承载力,而是在后续传播过程中,遇到承载力较小的风险被触发。在对风险发生概率的计算结果中发现 H05 的概率为 0.4348,H19 的概率为 0.1132,结合风险承载力结果,可以判断 H05 的荷载达到承载力后以 0.4348 的概率出现,而 H19 在达到其承载力后以 0.1132 的概率出现。触发承载力低的风险对其他风险直接或间接相连的风险触发影响较小。经过对实际工程的检查,当护栏在工作环境中存在但不完整时(H05),工人容易高估护栏系统的防护功能,忽视或低估工作区域的坠落风险,也不太可能主动采取纠正措施。这就导致了风险长期存在,给其他风险不断输入能量,导致一些工人根本忘记使用防坠落装置,如生命线和系绳,从而引发了许多相关的风险。另一方面,H19 表示脚手架层间防护上杂物较多没有及时清理,这个现象在施工现场是比较常见的,而且对高处作业安全性的影响非常高,不仅对脚手架上的工人造成威胁,而且对脚手架范围内地面上的工人形成很高的机械势能,因此一旦发现有杂物堆放,安全检查员会责令工人停止工作优先解决这个风险,使得 H19 不大可能引发过多其他风险。

表 3-6　不同风险在相同荷载水平下的屏蔽率

	$2\sigma_{05}=0.0219$			$2\sigma_{19}=0.0074$		
阶段	触发	未触发	屏蔽率	触发	未触发	屏蔽率
$t=2$	4	10	71%	0	14	100%
$t=3$	9	7	43%	7	10	59%
$t=4$	2	0	0	4	6	60%
全过程	15	17	53%	11	30	73%

3.3.3　结果分析与验证

1. 风险不连续触发分析

本书通过建立风险耦合网络和级联故障过程模拟分析,为风险直接因果关系触发的评估提供了新的见解。传统上认为风险的触发链是连续的、线性的,因此安全控制或预防主要是判断上一级风险的触发状态,如果上一级风险没有被触发,则认为其后置触发链上的风险都不会发生,只根据被触发的风险预测和分析后置风险的触发状态[105,114]。然而,在本书的级联触发模拟中,H05 在 $t=1$ 时触发,在风险传播过程中,与其直接关联的

H19 并没有在 $t=2$ 阶段触发,但是在 $t=3$ 时,H19 的风险荷载传递给了 H13,导致与风险 H05 没有直接关系的 H13 触发。在这个传播过程中,即使 H13 的前置风险没有被触发,H13 依旧有被触发的可能;通过对 H05 施加不同荷载水平的结果也可以看出当 H05 触发荷载较小时,可触发 H07,但不触发 H35(多于一位工人共用一条生命线);当初始荷载很大时,这两项风险都会被 H05 触发。因此本模型补充了事故链因果模型中只存在直接因果关系触发的不足。

通过考虑实际的事件序列,当防护设施失效时(H05),工人可能随意向脚手架层间防护上丢弃或堆放杂物,使得脚手架层防护中的杂物未及时清理(H19)成为可能,如果防护设施的缺口虽然出现但不大,工人并未能通过防护设施的缺口向层间防护上丢弃过多垃圾,而且由于这项风险后果比较严重,所以经常在刚有杂物堆放的时候就被发现和责令消除。因此当 H05 并不严重时,H19 不会被触发。在维护 H19 和 H05 的过程中,都需要工人高处作业,工人为了尽快完成风险的整改会经常忽略使用专用通道,甚至不去设置专用通道(H13)。

对于同一个风险,会对其关联的同一个风险产生的影响不同。一方面,当井道附近堆放过多材料时,如果井道口护栏空隙过大(H05),则材料可能因意外掉落进井道,成为不安全的机械能。另一方面,当护栏系统不恰当时,生命线承重能力不足,风险并不常见。只有当开口处护栏缺失较多,空间可容纳多于两名工人进入井道时,可能因为多于一位工人共用一条生命线而导致生命线承重能力不足(H35)。因此,风险可以间接触发,引入级联触发的分析范式为直接因果触发链提供了新的思路,在实践中对安全风险的预防和控制有重要意义,特别是前置风险不发生对后置风险仍旧有影响,减少漏检的可能。

2. 风险负相关关联分析

风险耦合除了因果关联和共变关联,还会出现一类负相关关联,在级联触发模拟过程中,也存在这类型的关联。

这里分成两种原因,一种是风险管理状况引起的负相关关联。如果检查和纠正了一个风险,与之负相关的风险也将被消除。例如,当 H05 被触发时,若井洞口并没有完整的安全防护措施,极容易造成工人高处坠落,或者施工材料从洞口坠落对在井底施工的人员造成物理伤害,因此一旦发现立即消除该楼层所有防护措施不完善的地方,与之是负相关关联的风险

H15,表示作业人员从楼层进入和离开吊篮,因为 H05 的消除而消除引发工人从楼层进出吊篮的可能。另一种情况是一种风险的发生可以预防与之负相关的风险。为避免 H07(井洞口并没有完整的安全防护措施),标准要求施工工作面边缘应有连续的边缘防护设施,并有安全防护网封闭。这些措施也针对的是 H26(作业层里排架体与建筑物之间封闭不严合)。因此网络中存在少数负相关风险,可以解释为当一种风险被预防、整改后,其负相关风险相应地也随之消失,弥补了管理作用作为系统性潜在因素在系统故障过程中的缺失。

3. 与二元论触发路径对比分析

如图 3-5 所示,与初始风险耦合网络相比,基于级联触发的风险路径较少。通过计算每个传播阶段的屏蔽率,研究结果也验证了级联失效方法的去噪能力,说明安全检查员使用该方法可以更快、更有效地确定触发路径和关键风险,对安全分析做出重大贡献。

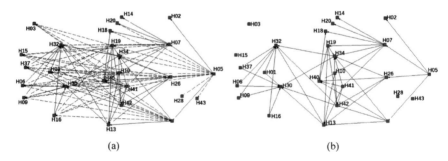

(a)   (b)

图 3-5   完全触发网络和耗散结构网络模型(见文前彩图)

(a) 完全触发网络;(b) 耗散结构网络

以 H05 触发路径为例,对比基于级联触发机制确定的触发路径和基于贝叶斯网络的二元分析的触发路径[217],以解释这种方法的改进效果。图 3-6 给出两种方法的风险路径,当风险 H05 触发时,参照级联触发模拟,只需要检查有节点被触发的路径。从护栏系统不恰当最后导致不安全的机械能源头,中间只有一个风险节点 H07(井洞口并没有完整的安全防护措施)。然而,在基于贝叶斯网络的二元分析中,H05 的触发通过多个中间节点触发不安全的机械能源头,无法进行有效筛选,因而在风险分析过程中需要计算所有路径的概率,进而确定关键触发路径。

在比较两种分析方法的触发路径时,级联触发机制表示触发路径更少

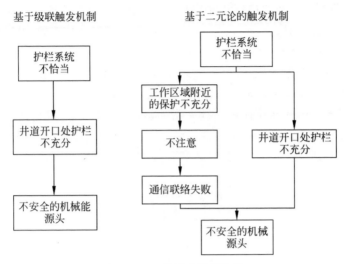

图 3-6 两种风险触发路径

更短,影响机制更清晰。此外,没有必要进行费力的计算来消除几乎没有实际意义的路径。因此,利用级联失效分析可以消除风险网络中的冗余信息,识别有效的风险触发路径,提高效率。然而,这种分析方法在安全管理的实用性方面可能会引起质疑。为了解决这些疑问,采用焦点小组访谈来验证研究的结果。

4. 风险耦合合理性检验

本书采用与模型训练数据来源相同的安全检查数据作为测试数据,进行相关性检验。采用山东省青岛市的 7 个建筑工程在 2018 年 1 月至 2018 年 8 月期间的现场风险检查记录,通过将风险耦合网络中的关联与实际检查中属于共变关联或者具有时间先后顺序的关联(同一次巡查)进行统计 t 检验,$p=0.249$,表示具有显著相关性。

本书梳理了网络中存在的不连续触发风险,通过对 4 位安全专家进行焦点小组访谈,对其实用性方面进行讨论。以图 3-7 为例,讨论并验证了 H05 实际级联触发的场景。分析显示,当风险 H05 受到其承载力 2 倍的荷载时,比如护栏系统出现较小程度的缺失,将会使工地现场材料的存储为处于低层工作的工人创建一个不安全的机械能量来源(H25),而只有当 H05 的触发荷载为其承载力 5 倍的时候,H35(超过一个人系同一生命线)才可以被触发。焦点小组的结果确认了这个级联触发场景的合理性。安全专家还强调,施工材料和工具经常堆放在井道口附近,如果井道护栏出现缺失,当护栏间隙过大时,工具会意外落入井道,构成不安全的能源(H25)。然而在井道中共用一条生命线的情况(H35)并不常见,根据设计规范要求,通常井道中会设置两条生命线,每条生命线的目的是支持一个人的重量。然而,当井道护栏完全消失时,会出现多于两个工人同时进入井道,因此会有两名及以上工人共用一条生命线。综上所述,H05 对 H25 的发生比 H35 更加敏感。在实践中,这意味着如果风险 H05 被触发,安全检查员应在风险 H35 之前检查 H25,以提高安全检查的效率。

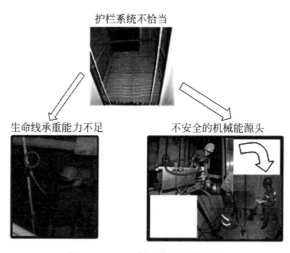

图 3-7　H05 对相关风险的影响

3.4　小　　结

本章从系统级联故障的角度入手,构建了基于级联触发的风险耦合模型,模拟风险级联触发路径。首先分析了级联故障分析范式的可行性,定义了风险荷载和承载力作为风险发生不确定的量化指标。其次提出了风险级联触发过程中的假设条件。最后基于实证数据,对风险耦合网络进行级联失效仿真模拟,评估该级联故障分析范式的去噪能力。

该研究将级联失效方法与社会网络分析相结合,有助于研究风险传播机制,从而针对最可能影响人为错误发生的风险。从方法上看,与传统分析方法使用的布尔变量假设相比,本书提出的级联失效方法将风险状态作为连续变量,在传播过程的基础上,提供了一种有效的方法来识别和确定风险的优先级。因此,本书的研究为评估非触发前因可能引发的安全风险的传播过程提供了新的见解。提出的风险级联失效方法及其触发分析方法可以推广并用于评估各种风险,从而使许多不同行业和环境的安全检查员能够很容易地确定风险传播的触发路径和范围,从而确定关键风险,减少风险漏检,为制定高效、准确的风险调查清单提供了新的参考。

然而,本书的研究也存在一定的局限性。首先,本书的研究基于风险的不确定性来确定风险能力,仍然需要一个连续函数来将实际的安全场景转换为风险负载,并将该场景与发生概率结合起来。其次,本书的研究属于小样本分析,仍然需要收集和评估额外的样本集。未来的研究还应考虑开发一个系统,在安全检查行业中实施这种类型的风险级联失效方法。

本章中提出系统安全评价要素不仅需要探究风险之间的关联性对系统可靠性的影响,还要考虑安全管理作用下风险和风险关联的消除对系统安全的影响。施工现场的安全管理作用对于工人不安全行为或者设备的不安全操作的约束,使得系统不安全信息得到及时反馈和控制,系统不断恢复动态平衡。因此将在第 4 章讨论如何量化施工现场管理作用对系统安全性的影响。

第4章 考虑管理作用的安全评价

4.1 考虑管理作用的安全评价构成

在施工中,风险发生概率、后果和暴露是风险量化和评价的影响因素[46]。典型的风险评估方法大多仅考虑风险发生概率和严重程度的乘积[46],而通过工程控制和安全程序可以降低风险的严重程度,因此评估还应考虑物理场地、人员和管理方面的因素[218],一些研究没有采取综合的方法进行风险评估,忽视了上述因素[14,51]。暴露是指可能对人造成危害的时间、周期和资源的数量,风险暴露也会影响组织内的安全参与[55]。通过有效的培训、文化感知、工作态度的改变以及减少员工暴露在不安全环境的情况来降低概率(可能性)[219-220]。及时整改风险可以有效降低工人暴露在不安全环境中的风险。整改效率被定义为管理团队在特定场所对物理错误和基于人为失误的风险进行整改的表现。它被认为是管理绩效的积极指标,是项目抵御风险发生的措施,整改统计数据作为可监测指标,但是在已有研究中没有考虑到管理的效率,只是监测在一段期间内解决的风险的数目[81]。

安全风险控制和暴露对项目的真实风险水平都有重要影响[54-55]。因此需要将整改作用作为可测量的项目风险暴露和典型的风险评估结合起来进行综合评价,一些研究从安全系统的角度考虑,如使用熵流模型[175]或模拟动态管理效果[176],而一些研究将安全管理视为一个整体指标,包含与安全管理相关的所有行为和活动[177-178]。施工风险越多,现场安全性越差;被消除的风险越多,管理绩效越高,因此本研究将分别对安全风险和整改作用两个指标进行定量评估,分析两个指标之间的非线性关系,同时采用最简单的比率拟合方法拟合这两个指标,以观察三者之间的相互影响。

因此,本章的研究将分别对风险发生和整改对系统安全的影响进行定量评估,然后采用最简单的比率拟合方法形成综合评价指标。面向风险发生的系统安全风险评估(HRI)采用典型评估方法,即风险发生概率与风险后果严重程度的乘积。面向风险整改的系统安全管理绩效(REI)评价则需要根据安全评价方法进一步确定。最终的综合安全评估为 $\text{SPI} = \dfrac{\text{REI}}{\text{HRI}}$。

4.2 基于整改特征的管理绩效评价

4.2.1 定义风险整改状态

整改时间是消除风险所需要的时间。消除风险的最后期限由检查人员根据相关标准和他们的经验规定(例如,当天、3 天或 5 天)。从风险是否被整改和是否如期整改两个角度,在一个评价周期内,整改效率指标可以表征为三类,具体如下:①按时整改,在规定期限内整改完毕的;②超期整改,整改超过规定期限的;③超期未整改,即超出限期后,风险也一直没有得到消除。这三种类型在安全评价上是相互对立统一的,它们的数量之和等于在此评价周期内所有出现的风险的数量。

确定风险整改状态分类后,以图 4-1 和表 4-1 为例,以一个月作为评价周期,解释在这一个月内可能会出现的七种风险状态。

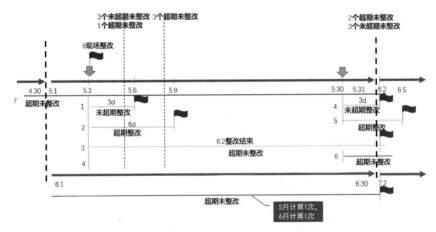

图 4-1 一个月中风险整改可能存在的状态

表 4-1 一个月中风险整改状态

情景	是否这个月发生	是否这个月整改	是否按时	整改状态分类	是否用于这个月的安全评价
1	Y	Y	Y	按期整改	Y
2	Y	Y	N	超期整改	Y

情景	是否这个月发生	是否这个月整改	是否按时	整改状态分类	是否用于这个月的安全评价
3	Y	N	N	超期未整改	Y
4	Y	N	Y	按期整改	Y
5	N	Y	Y	按期整改	N
6	N	Y	N	超期整改	Y
7	N	N	N	超期未整改	Y

注：Y——是；N——否。

　　每月评估期间，如果风险的识别和纠正在规定的期限内，它属于按时整改（场景1和场景4）。如果风险是在规定的期限内纠正，但它是在上一个评估期间发生，在这个评估期间纠正，应该被算入上个评估期的评价当中（场景5）。如果风险是在上个评估期间发生，而在这个月纠正的时候已经超过了规定的期限，则计入本评估期间的超期整改（场景2和场景6）。当一个风险在本评估期结束时未得到消除（或是本评估期间发现，或者更早被发现），该风险整改状态为超期未整改（场景3和场景7）。

4.2.2　安全评价方法综述

　　风险评估的方法很多，但应用最广泛的是模糊综合评价、故障树分析、风险矩阵分析、层次分析法和风险因素检查表。基于数据来源特点，风险评估方法分为定性评估方法和定量评估方法。既有简单的风险评估方法（如风险因素清单法），也有复杂的方法（如故障树分析法），不同的方法有不同的应用领域。研究人员从上述方法的定义、应用领域、优缺点等几个方面进行了分析，对比分析结果见表4-2。

表 4-2　安全评价方法表

评价方法类别	方法属性	主要代表性的方法
基于专家/调查的主观评价方法	主观评价	同行评议方法 专家评估方法 德尔菲法 调查研究方法

续表

评价方法类别	方　法　属　性	主要代表性的方法
基于统计数据的客观评价方法	客观评价	相关系数检验 熵值法 主成分分析 聚类分析
基于系统模型的综合评价方法	综合评价	模糊层次分析法 模糊事故树 人工神经网络 系统动力学 灰色模糊集模型 灰色关联分析 物元分析 集对分析法 模糊集理论 推理与模拟

　　通过回顾相关的安全性评价方法,因为难以收集到实际项目实施过程中大量安全管理活动的数据,这种主观评价方法通常用于从专家访谈和问卷调查的数据基础来确定权重系数,因此该评价方法存在主观性,不能反映被评价对象的客观属性和价值取向[78]。另一方面,基于统计数据的客观评价方法可以用来计算安全指标的权重[101]。一些研究将测量结果作为决策变量来拟合指标的权重,如相关系数检验[179]。当没有决策变量时,熵权法可以通过比较各指标之间的差异和相关性,找到关键影响因素[78]。

　　本书的数据来源于现场安全检查记录,但是安全检查人员并没有对风险整改水平给出评价,仅给出了风险整改状态,因此关于风险整改的历史记录属于缺失目标值的统计数据,而且整改状态也是有限的,通过对各个评价方法的学习,发现相关系数检验、主成分分析等方法不适用,拟采用擅长处理小样本、不明确数据和缺失决策变量的综合评价方法。

　　竞争优化模型是基于对立统一关系和竞争与合作视角下的评价方法,强调被评价对象之间的竞争,被评价对象在模型下突出各自的竞争优势[221],体现在评价价值的绝对优势和相对优势[222]。评价价值的绝对优势意味着评价主体会采取一定的策略来提高自身的评价价值,降低竞争对手的评价价值[221,223];相对优势意味着评价主体不再单纯追求自身评价价值的最大化,而是采取一定的策略来提高自身排名,降低其他竞争对手的排名[224-225]。竞争优化模型通过两阶段谈判的方式使利益冲突的被评估对象进行谈判与合作,并综合被评估对象的信息[226]。但竞争优化模型在建模过程中需要确定参数的理想点,这将增加指标边界不清晰的困难[227-228]。

灰色系统理论主要研究"样本少、信息差"以及"外延清晰、内涵不清"的问题,如灰色关联方法和灰色粗糙理论,已应用于建设项目风险评估和安全评价[229-231]。这种方法通常分析指标之间的相关程度或差异。但是,这种方法得到的因子主要是用关联度的顺序来描述的,这是对现有权重的进一步改进。因此,其他评价方法需要集中在确定重量,如粗糙集和模糊层次分析法[232]。灰色粗糙集是评价不确定或不完整信息的一种混合方法,是传统模糊或粗糙集方法的替代方法。传统的粗糙集理论通过基于集的上下界的等价分类处理信息,而灰色粗糙集扩展到区间数据的处理[233]。在滑坡风险管理应用中,粗糙集方法已被证明是一种可行的方法,可以替代其他方法,如 Dempster-Shafer 理论(D-S),在减少复杂性、提高方法的灵活性的同时简化基于真实数据的计算,并且不需要主观输入[234]。粗糙集理论不需要额外的信息,如统计概率或等级,能够处理不完整或无形的信息[235]。在施工研究中,灰色-粗糙集联合方法被应用于施工项目的后评价,以消除各独立方法的局限性[236]。在其他领域,它已被应用于供应商选择[235]和库存预测模型[237]。

集对分析法(SPA)将确定性和不确定性从集对的概念和它们的连接度整合为一个组合系统[238]。它已被证明是处理不确定性的有效方法,同时解决了模糊评价技术的缺点[239]。SPA 已被应用于建筑项目生命周期中的工程变更风险评估[240-242]。建设项目的复杂性导致许多风险来源,包括技术、环境、市场经济等,这些因素可分为随机不确定性、模糊不确定性和灰色不确定性。以上每种不确定性类型可以分别用概率论、模糊数学理论和灰色理论进行评价,但在综合评价中没有一种能够适应多种形式。在这种情况下,SPA 被推广为一种优势工具,将所有类型的不确定性纳入单一、全面和简单的评估中[243]。它可以从企业安全控制的角度来评价建设项目的安全性[244],评价政府在建设项目中的投资绩效[245],生成评价安全状态的指标权重[246]。在这里,SPA 被用来解决传统评估方法无法同时获取确定和不确定信息的问题。但建议采用比例法、均值法、概率法、函数模拟法等多种方法来计算关联度。综上所述,SPA 可以被描述为一种具有非确定性计算特征的概念方法[247-248]。

4.2.3　基于整改特征的评价方法

在确定了风险整改的状态之后,基于三种整改状态的特征,结合安全评价学方法,本书分别采用集对分析法(SPA)、竞争合作模型和灰色-粗糙集方法进行计算。

1. 集对分析法

SPA 是基于集对的概念和连接度,将确定性和不确定性综合在一个组合系统中的分析博弈理论。它已经被用于解决许多实际问题,包括企业绩效评估及预测、风险评估等多个领域[240-241]。在本节的研究中,根据现场评估收集的数据,采用 SPA 生成给定时间段的整改效率指标得分。两个或多个集合之间的联系是这些集合的相同(S)、差异(F)和矛盾(P)项数的函数。连接度方程表示如下:

$$u = \frac{S}{N} + \frac{F}{N}i + \frac{P}{N}j = a + bi + cj \tag{4-1}$$

其中,u 是两个集合对之间的连接度,其结果表示风险整改效率;N 是集合元素的总体数量。具体来说,$a = \frac{S}{N}, b = \frac{F}{N}, c = \frac{P}{N}$,其中,$a$ 表示完全相同的度数,b 表示存在差异的度数,c 表示存在矛盾的度数。由于 $a+b+c=1$,因此 a,b,c 的取值范围在 $[0,1]$。i 是差异系数,它的取值范围在 -1 到 1 之间。j 是反对称系数(值为 -1)。当 i 的值为 1 时,不确定性参数 b 强烈支持 a,当 i 的值趋近于 -1 时表示反对 a。在这种状态下,a,b,c 与一个给定的风险因素的整改状态有关。a 代表及时的整改,b 代表逾期的整改,c 代表逾期未整改。每一类的得分是风险频率和风险严重程度的乘积之和。三个类别的得分在最后标准化使得 $a+b+c=1$。

差异系数可以通过比例、均值、概率和使用特殊值分析技术或计算技术的函数模拟方法[241]来计算。在本书中,我们选择了如下所示的比例方法计算 i:

$$i = \frac{a_i - a_{i-1}}{b_i} \tag{4-2}$$

2. 基于整改特征的竞争合作模型

协同进化方法包括竞争模型和合作模型。竞争模型主要突出各目标的优势,合作模型主要进行协商实现整体最优评价。

在竞争模型中,它计算了体现目标优点的权重向量。首先,计算主体 i 的整改系数 a_i,b_i' 和 c_i'。接着,标准化这些索引矩阵得到新的主体 i 的索引 a_i^*,b_i^* 和 c_i^*,它们的标准化公式如下:

$$a_i^* = \frac{a_i - \bar{a}}{s_a}, \quad b_i^* = \frac{b_i' - \bar{b}}{s_b'}, \quad c_i^* = \frac{c_i' - \bar{c}}{s_c'} \tag{4-3}$$

其中,$\bar{a}$,$\bar{b}'$ 和 $\bar{c}'$ 分别是 a_i,b_i' 和 c_i' 的平均值,s_a,$s_{b'}$ 和 $s_{c'}$ 分别是它们的标准差。那么正理想解 x^+ 和负理想解 x^- 可以由以下所示的现场评估所得:

$$x^+ = (a^{*+}, b^{*+}, c^{*+}) \tag{4-4}$$
$$x^- = (a^{*-}, b^{*-}, c^{*-}) \tag{4-5}$$

其中,a^{*+},b^{*+} 和 c^{*+} 分别是所有主体的 a^*,b^* 和 c^* 的最大值,而 a^{*-},b^{*-} 和 c^{*-} 分别是它们的最小值。然后,主体间的绩效程度可以用与理想点之间的欧几里得距离来衡量。与正理想点间的欧几里得距离 c_i^+ 和与负理想点间的欧几里得距离 c_i^- 可以由下式计算而得:

$$c_i^+ = (a_i^* - a^{*+})^2 w_{i1}^2 + (b_i^* - b^{*+})^2 w_{i2}^2 + (c_i^* - c^{*+})^2 w_{i3}^2 \tag{4-6}$$
$$c_i^- = (a_i^* - a^{*-})^2 w_{i1}^2 + (b_i^* - b^{*-})^2 w_{i2}^2 + (c_i^* - c^{*-})^2 w_{i3}^2 \tag{4-7}$$

其中,w_{i1},w_{i2} 和 w_{i3} 是主体 i 的三个权重。为了得到能够最小化主体 i 和理想点间距离的权重向量,有一个如下的最优规划问题需要解决:

$$\max d_i = \frac{c_i^-}{c_i^+ + c_i^-}$$
$$= \frac{(a_i^* - a^{*-})^2 w_{i1}^2 + (b_i^* - b^{*-})^2 w_{i2}^2 + (c_i^* - c^{*-})^2 w_{i3}^2}{(a_i^* - a^{*+})^2 w_{i1}^2 + (b_i^* - b^{*+})^2 w_{i2}^2 + (c_i^* - c^{*+})^2 w_{i3}^2 + (a_i^* - a^{*-})^2 w_{i1}^2 + (b_i^* - b^{*-})^2 w_{i2}^2 + (c_i^* - c^{*-})^2 w_{i3}^2}$$

$$\text{s. t.} \begin{cases} w_{i1} + w_{i2} + w_{i3} = 1 \\ 0 \leqslant w_{ij} \leqslant 0.5, \quad i \in N, \quad j = 1,2,3 \end{cases} \tag{4-8}$$

其中,d_i 是主体 i 对理想解的一个相对估计。为了防止夸大优势,权重最大值被限制为 0.5。

在合作模型下,所有主体的权重向量聚合为最终的权重向量,类似于综合考虑所有主体的优点。最终权重 w^* 是使得所有权重向量与其的乘积之和最大的权重向量,其目标如下所示:

$$\max \sum_{i=1}^N [w^* w_i]^2, \quad \text{s. t.} \parallel w^* \parallel_2 = 1 \tag{4-9}$$

其中,$w_i = (w_{i1}, w_{i2}, w_{i3})^T$ 是主体 i 的权重向量。可证明的是,w^* 是 $W_A W_A^T$ 的最大特征值的正特征向量,其中 $W_A = (w_1, w_2, \cdots, w_N)$ 并且 $\| w^* \|_2 = 1$。

把最终权重向量表示为 $w^* = (w_1^*, w_2^*, w_3^*)^T$,主体 i 整改绩效为 u_i 的计算方式如下:

$$u_i = a_i^* w_1^* + b_i^* w_2^* + c_i^* w_3^* \tag{4-10}$$

3. 基于整改特征的灰色-粗糙集方法

灰色-粗糙集方法可以用于计算三个阶段的整改状态的系数,分别是基础阶段、主体阶段和修饰阶段。

首先,用粗糙集方法确定指标的权重。假设 $I = (U, A, V, f)$ 是决策表,其中 U 是本书中不同项目的安全性能的非空集合,A 是属性集合,V 是基于属性 A 的值域集合,f 是信息函数 $f: U \rightarrow V$。信息函数和 V 由 a, b' 和 c' 的均值计算而得:

$$f: V(i) = \frac{a_i + b_i' + c_i'}{3}, \quad i \in U \tag{4-11}$$

为了学习属性的重要性,a, b', c' 和 V 被按数量分成四个区间,标记为 a'', b'', c'' 和 V''。依赖 D_a, D_b 和 D_c 定义如下:

$$D_a = \frac{\text{Card}(\text{pos}_A(X)) - \text{Card}(\text{pos}_{A-a''}(X))}{\text{Card}(U)} \tag{4-12}$$

$$D_b = \frac{\text{Card}(\text{pos}_A(X)) - \text{Card}(\text{pos}_{A-b''}(X))}{\text{Card}(U)} \tag{4-13}$$

$$D_c = \frac{\text{Card}(\text{pos}_A(X)) - \text{Card}(\text{pos}_{A-c''}(X))}{\text{Card}(U)} \tag{4-14}$$

其中,X 是主体集合,$\text{Card}(\cdot)$ 是集合的基数,$\text{pos}(\cdot)$ 是集合的正区域。然后,将这些依赖标准化后获得 a'', b'' 和 c'' 的重要性,写成 w_a, w_b 和 w_c。

模糊关系系数是由模糊关系分析计算而得。将 a_i, b_i' 和 c_i' 重新表示为 Δ_{i1}, Δ_{i2} 和 Δ_{i3}。参考序列 $(\Delta_{01}, \Delta_{02}, \Delta_{03}) = (100, 0, 0)$ 表示好的安全表现。主体 i 和参考序列间的模糊关系系数 γ_{ij} 由下式计算而得:

$$\gamma_{ij} = \frac{\Delta_{\min,j} + 0.5\Delta_{\max,j}}{\Delta_{ij} + 0.5\Delta_{\max,j}}, \quad j = a, b', c' \tag{4-15}$$

其中,$\Delta_{\min,j}$ 是 Δ_{ij} 的最小值,$\Delta_{\max,j}$ 是 Δ_{ij} 的最大值。Δ_{ij} 是主体 i 和参考序列间的绝对误差,即 $|\Delta_{ij} - \Delta_{0j}|$。模糊关联度可计算如下:

$$\Gamma_j = \sum_{i=1}^{N} \gamma_{ij} \tag{4-16}$$

其中，N 是主体的数量。通过标准化关联度 Γ_1、Γ_2 和 Γ_3 得到的 a、b' 和 c' 的关联系数，命名为 c_a、c_b 和 c_c。最后，a、b' 和 c' 的权重由重要度和关联度的乘积而得，主体 i 整改系数 u_i 就可以由下式计算而得：

$$w_j^* = w_j c_j, \quad j = a, b', c' \tag{4-17}$$

$$u_i = a_i w_a^* + b_i' w_b^* + c_i' w_c^* \tag{4-18}$$

4. 整改绩效最终分值

由于上述评价中没有考虑超过评估期的风险，因此组成整改绩效的指标还需要应用两个修正来说明跨期逾期未整改（场景 7）和前期风险整改逾期（场景 6）。因此，最终的整改绩效指标得分（REI）由如下公式所得：

$$\mathrm{REI} = u_i - m_1 - m_2 \tag{4-19}$$

其中，u_i 是 SPA 仅考虑评估期（i）内确定的风险而生成的得分；m_1 是对已超过规定期限且在评估期内已整改的前一阶段存在的风险的惩罚修正；m_2 是对那些已经超出规定期限但在评估期内仍未解决的前一阶段的风险的惩罚修正。m_1 和 m_2 分别由式（4-20）和式（4-21）确定：

$$m_{1i} = \frac{0.01}{I} \sum_{i=1}^{n} S_i M_{bi} \tag{4-20}$$

$$m_{2i} = \frac{0.01}{I} \sum_{i=1}^{n} S_i M_{ci} \tag{4-21}$$

其中，i 是评估期内进行检查的次数，S_i 是每个风险的权重，M_{bi}/M_{ci} 是基于风险识别和评估期之间的持续时间而得的特定风险的惩罚乘数。通过与专家小组讨论，乘数的值列在表 4-3 中，在修改和分析之前已经完成了数据标准化。

表 4-3 跨期延期整改 REI 惩罚乘数

评估期	b 乘数（M_b）	c 乘数（M_c）
1 个月	2	3
2 个月	3	4
3 个月	4	5
4 个月	5	6
5 个月	6	7

4.3　管理绩效评估的实证研究

施工项目是独特的动态环境,需要动态的安全管理策略。当安全性能的时间分析作为正式战略的一部分在个别项目的基础上实施时,才会发现其真正的好处。对案例项目的追溯性监控和分析表明,先验的安全性能数据能够为承包商和其他利益相关者提供早期预警价值。它强调了对性能趋势和模式的观察如何能够确定项目安全状况的恶化和与事故相关的高风险期的预警。实施正式的监测计划将有助于纠正和实施战略,以通过积极主动的管理而不是对风险或安全事件做出反应来防止高风险情况的发生。

4.3.1　数据来源和预处理

管理绩效评估的实证数据与第 2 章中的实证数据来源一致,即来自中国山东省青岛市的 7 个建筑工程,数据采集和标准化过程可参考 2.3.1 节。在获得每次检查风险的发生频次和后果严重程度分值后,即可计算该风险的总体分值。后果严重程度采用《建筑施工安全检查标准》(JGJ59—2011)中建筑施工安全分项检查评分表中风险分值,作为本体系中判断风险后果严重性的分值。具体见附录 B 中"风险后果"一行。

首先,将检查数据导入标准化风险结构中,就可以统计不同时期不同指标下的风险分值,即发生频次与风险后果的乘积,作为评价基础数据。

其次,以一个月为评价周期处理数据。但由于数据来源于不同的 7 个正在施工的项目,其项目规模大小不等,每次检查面积不等,每个月的检查次数也会有所波动,为了使不同项目间具有可比性,因此对基础数据进行归一化处理,即风险分值要除以项目检查面积和检查次数,可以理解为每次检查中单位检查面积上的风险后果。

最后,每次检查过程中每条风险的整改状态可以分为按期整改、超期整改和超期未整改三种状态,分别用 a,b,c 来表示,在对每月数据进行汇总时,同一条风险且是同一种整改状态的才可以进行合并。

将整理好的基础数据作为输入数据,采用 4.2 节提到的三种方法进行计算,得到每个评价周期中的风险整改绩效。

4.3.2　整改绩效评价结果分析

本节以 7 个项目中的一个项目为例,记为项目 1,其在 2016 年 6 月至

2017 年 12 月的不同整改状态的评价结果见表 4-4,在项目 1 中,按时整改的分值大于超期整改和未超期整改的分值,说明大部分风险能够在限定期限内被消除。其中有 5 个月的超期整改和未超期整改分值均为 0,由于积极的管理,所有的风险都得到了及时的纠正。最糟糕的月份是 2017 年 12月,超期未整改的比例很高。下面分别介绍 3 种评价方法的结果。

由表 4-4 可以看到集对分析法的连接度 i 的值,2016 年 6 月和 2017 年 7 月的 i 值为负,说明施工现场的危险源整改效率下降。整改的效率反映了承包商和施工单位对施工现场的风险、不安全因素以及安全状况的态度。因此,当 REI 值较低时,提醒项目经理尽快协调人力和物力,提高安全性,避免潜在的事故。在 SPA 方法中,整改和未整改被看作对立的两个方面。超期整改是灰色地带。从关联度 i 可以看出管理态度的变化趋势。如表 4-4 所示,"a"和"c"取相同和相反的权重,"b"的权重根据两个月内整改情况的变化而变化。如果项目好转,则"i">0。否则,当"i"<0 时,情况就变糟了。SPA 值的取值是从 −1 到 1。当 $b=c=0$ 时,虽然"a"不同,但 SPA 值始终为 1,虽然 2016 年 6 月与 2016 年 12 月按时整改的分值不同,但是SPA 得到的管理绩效分值都是 1,表明当所有的风险都能及时纠正时,整改效率与风险发生的数目无关,这也在一定程度上忽略了按时整改时因为风险数量不同而反映的管理能力的不同。通过比较"a"、"b"和"c","c"(超期未整改)的值在大多数情况下都小于"a"和"b",因此"b"的权重在不安全环境评价中起着决定性的作用。然而,"i"在[−1,1]中,"b"对整改评价的影响小于"a",SPA 方法偏向乐观。

表 4-4　不同整改状态下的风险分值及 SPA 评价结果(项目 1)

时　间	施工阶段	按期整改 a	超期整改 b	超期未整改 c	连接度 i	SPA 分值
2016 年 6 月	基础	38.33	0.00	0.00	0.00	1.00
2016 年 7 月	基础	31.40	8.60	0.00	1.00	0.57
2016 年 8 月	基础	25.80	4.60	0.00	0.29	0.80
2016 年 9 月	基础	17.25	0.75	0.00	0.68	0.99
2016 年 10 月	基础	14.25	5.00	1.75	0.22	0.65
2016 年 11 月	主体	19.80	9.20	0.00	0.18	0.74
2016 年 12 月	主体	20.50	0.00	0.00	0.32	1.00
2017 年 1 月	主体	11.00	0.00	0.00	0.41	1.00
2017 年 2 月	主体	8.00	8.00	0.00	0.24	0.62

时　　间	施工阶段	按期整改 a	超期整改 b	超期未整改 c	连接度 i	SPA 分值
2017 年 3 月	主体	21.50	0.00	2.50	0.32	0.79
2017 年 4 月	主体	26.00	0.00	0.00	0.39	1.00
2017 年 5 月	主体	22.60	1.60	0.00	0.26	0.95
2017 年 6 月	主体	21.00	0.00	0.00	0.32	1.00
2017 年 7 月	装修	16.75	2.75	0.00	0.22	0.89
2017 年 8 月	装修	18.80	1.80	0.00	0.25	0.93
2017 年 9 月	装修	16.00	2.25	0.00	0.21	0.90
2017 年 10 月	装修	6.25	4.50	0.75	0.15	0.54
2017 年 11 月	装修	0.00	11.33	1.00	0.10	0.01
2017 年 12 月	装修	7.00	6.25	12.75	0.16	−0.18

　　灰色粗糙集(G-R)方法是在无决策变量的基础上,通过比较任意一次整改状态对整体评价排序的影响来计算三种整改状态的权重。表 4-5 显示了三个构建阶段的不同权重。在基础阶段,c 的权重最大;而在结构和装修阶段,作为影响安全的关键指标,b 的权重最高。而 a 在所有三个阶段的影响都较小。G-R 方法通过比较各阶段的权重,侧重于超期的影响。

表 4-5　不同整改状态的权重

施工阶段	G-R			C-C			SPA		
	w_a	w_b	w_c	w_a	w_b	w_c	w_a	w_b	w_c
施工	0.1261	0.3661	0.5078	0.0039	0.7073	0.7069	1	i	−1
主体	0.1821	0.6961	0.1218	0.0039	0.7073	0.7069	1	i	−1
装修	0.1891	0.5187	0.2922	0.0039	0.7073	0.7069	1	i	−1

　　对于竞合模型(C-C),不同月份间的差异小于其他两种方法。这与 G-R 相同,"a"的重量基本上小于"b"和"c",而"b"和"c"的重量大致相等。结果表明,C-C 对风险源是否能及时整改的关注程度远高于被整改的风险数量。在拟定三个指标(a,b 和 c)之间的差异时,还同时考虑了三个指标(b 和 c)之间的内在关系。

　　本节分别计算了三种方法的无量纲评价结果的方差平方和。其中 C-C 偏差度(0.0008)最小,G-R 偏差度为 0.0025,SPA 偏差度为 0.24。表 4-6 显示了三种方法在阶段特征、对立与统一特征、时变特征和偏差四个特性的比较结果。采用三种评价学方法各有利弊,灰色粗糙集和竞合模型可以凸显施工阶段特征,集对分析法可以凸显整改的时变趋势,但 SPA 的时间动态是一把双刃剑,因为连接指数 i 是一个相对值,不能反映不同项目评价中超期整改的影响。竞合模型和集对分析都能反映出三个状态的对立统一关系。

表 4-6　三种方法的主要特点比较

方法	阶段特征	对立与统一	时变特征	偏离度
G-R	√	×	×	**
C-C	√	√	×	***
SPA	×	√	√	*

本节采用四分位数法将评价结果按 1~4 级进行分类,1 为最差,2 为较差,3 为较好,4 为最好。从图 4-2 可以看出,三种方法的度基本相同,说明三种方法的结果相对一致。从风险评价指标(HRI)的趋势来看,HRI 在 3 级或 4 级代表风险很少发生,但此时的管理绩效不一定高。例如,在 2017 年 5 月,平均检查出 13 个风险,风险发生等级指标为 3 级,但风险大部分没有及时整改,整改状态为 1 级,这种未按时整改的风险会进一步恶化,增加系统环境的不安全性,使工人暴露在时刻会有事故发生的环境中,因此需要停顿整改。

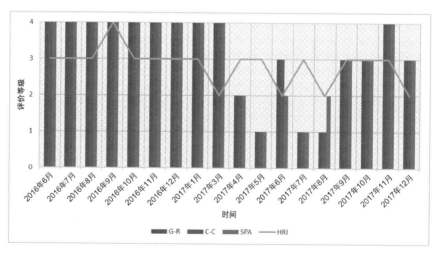

图 4-2　三种方法下的管理绩效(见文前彩图)

4.4　考虑管理作用的安全评价实证研究

4.4.1　施工安全综合评价过程

1. 施工现场风险评价

项目管理协会将项目风险定义为不确定的事件或条件。风险可以被认为是可测量的不确定性，而不确定性是不可测量的风险[249]。可测量的不确定性被认为是建筑项目风险评估实践中的一个必要因素。传统的安全风险评估使用一个基本的概率评级系统来量化某一特定风险导致安全事故的可能性，这种方法具有主观性，且风险权重恒定，导致评价结果失真，不能反映个体特征指标偏离正常值的严重性[54]。因此在概率评价系统的基础上，需要对风险的不确定性进行评估。现有的权重分配方法有德尔菲法、层次分析法、专家调查法等主观赋权方法，但是容易产生指标权重的偏差。相比之下，熵权法去除主观偏差的能力，能够定量计算目标权重，保证了结果的准确性和可靠性。熵权法是一种客观的固定权重法，可以克服传统评价方法的主观性[250-251]。熵权法作为评价系统的一部分，与 TOPSIS 方法相结合，与模糊综合评判法、BP 人工神经网络等方法相比，具有更简单、更清晰、结果更合理的优点[250]。Mao 和 Feng 还将熵权法与贝叶斯概率算法相结合，消除了这些方法在煤矿风险评估权重分配中的主观性[175]。有学者运用熵权法与粗糙集算法相结合，用于降低项目前期风险评估的主观性及专家经验和模糊综合方法的不足[252]。

施工现场风险评价是施工现场风险发生引起的总风险水平的度量，用 HRI 表示风险评价指标，具体风险的严重程度从中国国家标准《建筑安全检验规范》(JGJ59—2011)中获得。在本标准中，风险严重程度的取值范围为 $2\sim20$，在这种情况下，分值越大，风险后果严重程度越大。

接下来，本书的研究基于标准化的检查数据(见 2.3.1 节)，采用熵权法计算风险权重。它的选择是基于其一致性和减少与传统概率风险评估相关联的风险权重的偏差和主观性的能力。在这种情况下，风险发生的不确定性越大，离散程度越大，则该风险对施工安全综合评价的影响(即熵权)就越大[253]。计算熵权的过程如下[254]。

首先，给定 m 个样本和 n 个评价参数，建立矩阵 $\boldsymbol{X}$。在这种情况下，考虑从 n 个风险类别的 m 个项目中获取的实际风险检查数据，构建矩阵：

$$\boldsymbol{X} = \begin{bmatrix} x_{11} & x_{12} & \cdots & x_{1n} \\ x_{21} & x_{22} & \cdots & x_{2n} \\ \vdots & \vdots & \ddots & \vdots \\ x_{m1} & x_{m2} & \cdots & x_{mn} \end{bmatrix} \tag{4-22}$$

将矩阵 $\boldsymbol{X}$ 转化为标准矩阵 $\boldsymbol{Y}$：

$$\boldsymbol{Y} = \begin{bmatrix} y_{11} & y_{12} & \cdots & y_{1n} \\ y_{21} & y_{22} & \cdots & y_{2n} \\ \vdots & \vdots & \ddots & \vdots \\ y_{m1} & y_{m2} & \cdots & y_{mn} \end{bmatrix} \tag{4-23}$$

这个转换是通过构造如下的归一化函数来完成的：

$$y_{ij} = \frac{x_{ij} - \min(x_{ij})}{\max(x_{ij}) - \min(x_{ij})} \tag{4-24}$$

其次计算 i 个样本中各指标（j）的指标值之比：

$$P_{ij} = \frac{y_{ij}}{\sum\limits_{i=1}^{m} y_{ij}} \tag{4-25}$$

下一步计算信息熵 e_j：

$$e_j = -\frac{1}{\ln m} \sum_{i=1}^{m} P_{ij} \ln P_{ij} \tag{4-26}$$

基于信息熵 e_j，风险 j 的熵权的计算公式如下：

$$\omega_j = \frac{1 - e_j}{\sum\limits_{i=1}^{m} (1 - e_j)} \tag{4-27}$$

最后，考虑到每个风险类别的熵权和该风险的严重程度等级，得到风险评价分值 w_j：

$$w_j = \frac{\omega_j S_j}{\sum\limits_{j=1}^{m} \omega_j S_j} \tag{4-28}$$

其中，S_j 是风险 j 的后果严重程度。

HRI_i 是一个评价周期内的风险评估分值，需要考虑不同项目的检查面积 A 和检查次数 n 的影响，因此进行归一化处理：

$$\mathrm{HRI}_i = \frac{\sum\limits_{i=1}^{n} w_j}{nA} \tag{4-29}$$

2. 综合安全绩效评价

首先,综合考虑 HRI 和 REI 的分值,计算综合安全评价指标。采用安全管理绩效与风险评价结果的比率来生成综合的 SPI,如下式所示:

$$\text{SPI}_i = \frac{\text{REI}_i}{\text{HRI}_i} \tag{4-30}$$

SPI_i 是在一个评价周期内的综合绩效评价分值,REI_i 和 HRI_i 分别是相应的安全管理绩效和风险评价结果。风险整改是主动的管理作用,是一个积极指标,而风险发生是对现场风险发生的风险水平的评价,是一个消极指标。因此 SPI_i 分值高对应于一个评估期间内系统的良好安全性能,而较低的分数表明相对于该期间的风险水平发展而言,风险得到了较差的控制。

其次,将提出的安全评价方法与现有的项目安全评审人员常用的评分方法进行了比较。项目中采用的安全评价绩效(CSPI)考虑了风险发生和严重性后果,同时考虑了未整改风险的影响。风险频次由以往记录获得,风险严重程度由评审人员确定,将风险后果分为一般、中等、严重三个等级,根据风险整改情况,将风险分为及时整改和超期整改,风险分值见表 4-7。

最后,计算一个评价周期(一个月)的风险总分,将安全绩效评价分为 4 个等级:1 级(最差)、2 级(差)、3 级(较好)、4 级(最好),分别确定相应的阈值在 $[300, +\infty)$,$[150, 300)$,$[50, 150)$ 和 $[0, 50)$。例如,如果有两个一般的风险都得到了及时的整改,另一个重要的风险是超期整改,则安全评价绩效是 $2 \times 2 + 1 \times 100 = 104$。根据阈值范围可以评为 3 级(较好),表明新发风险通常得到了有效控制和纠正。

表 4-7　项目中采用的风险分值

风险状态	一般	中等	严重
按时整改	2	10	50
超期整改	4	20	100

4.4.2　安全评价结果分析

1. HEI 和 HRI 评价结果分析

采用四分法对 REI 和 HRI 划分等级(1~4 级),其中 1 表示最差,2 表示较差,3 表示较好,4 表示最好。从图 4-3 可以看出,风险评价指标与管理绩效指标的关系并不完全相同或相反。图中圆圈越大,表示落在这个位置的结果越多。当新发风险较少时,HRI 处在等级 4,此时管理绩效也大部分处在第 4 等级,可以理解为当项目进展顺利而新发风险较少时,检查人员和工人有能力去立即纠正大多数风险。然而,即使风险评价指标处在等级 4,也存在整改绩效很低的情况,如果单一以 HRI 作为评价指标,那么评价结果忽视了未被整改的风险对系统的安全造成的威胁,评价会过于乐观[255]。当风险发生频繁时,施工现场积聚了大量未被整改的风险,如 HRI 评为第 1 等级,为了使施工现场环境尽快恢复安全,势必会加强整改力度,因此此时的管理绩效显示很高(4 级)。

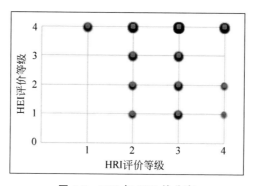

图 4-3 HEI 与 HRI 的分布

风险整改的效率可以反映承包商和施工单位对风险和不安全因素的态度,也可以反映施工现场的不安全状态。例如,当 REI 值较低(1 级或 2 级)时,提醒项目经理综合两个指标的不同值,尽快协调人力和物力,以改善安全状况,避免潜在的事故。以前的研究使用风险的概率及其后果来评估项目的安全状态[62],这通常被称为 HRI。根据案例研究数据,当风险频繁发生时(1 级),整改效果最好(4 级)。可以看出,最恶劣的环境会刺激检验员和工人尽快恢复安全。然而,相同的 HRI 等级可以对应不同的精馏效率。即使 HRI 为 4 级,整改效率也可能极低,导致施工现场存在风险。这些风险不仅增加了施工现场工人暴露在危险环境的可能性,还可能引发其他风险,造成严重后果。

2. REI、HRI 和 SPI 评价结果分析

在对新发风险和整改效率指标的评价结果进行分析后,对这两个子指标与综合评价指标 SPI 在不同施工阶段变化趋势进一步探索。

如图 4-4 所示,对于项目 1 的前 5 个月,对应于该项目建设的基础施工阶段,项目 1 的三个指标评分均处于 3 级和 4 级的范围内,表明由于新发生的风险较少,对识别出的风险能进行有效整改,因此项目现场风险水平相对较低。而在之后的施工过程中,三个指标评分出现了明显的不同。

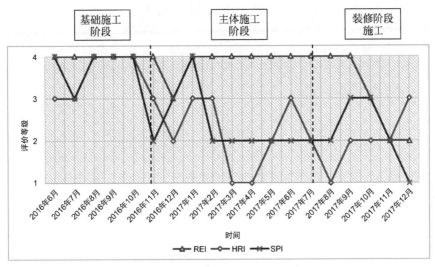

图 4-4　三个指标的评价等级(项目 1)

在主体结构施工阶段,REI 一直处于较好的评价等级,表示安全管理监督力度一直很强,发生的风险都能得到及时消除。而 HRI 波动较大,甚至有两个月下降到 1 级(最差),表明这两个月内新的风险骤增且一直得不到控制,工人的安全意识很差,许多风险重复发生,需要对工人进行安全知识培训,同时协调人力,更多关注操作规范性。同时虽然 HRI 风险等级很高,但是综合评价指标 SPI 并没有处在最差阶段,主要因为发生的风险都得到了消除,这从另一方面反映出工人施工时抱有侥幸心理,寄希望于安全检查人员的检查工作,而不是从源头就控制风险新发,导致风险众多,虽然得到了整顿,但浪费了工时,同时也为其他工人营造了不安全的施工环境。随着第三阶段的开始,HRI 从最差状态开始慢慢恢复,在良好与一般和差之间振荡(1 级/3 级)。REI 则出现了下滑趋势,在此期间,控制新发风险和风险整改效果出现了相反的趋势,原因在于随着工人更多精力控制新发风险,其对检查出的风险的整改态度有所懈怠。综合安全评价 SPI 在主体施工后期和装修阶段前期都一直处于较差状态,虽然后期随着新发风险指标 HRI 的上升而有所上升,但是因为后期整改效率的降低,又在 2017 年

11 月和 12 月降至较差的状态,说明施工现场整体安全水平较差,需要停顿进行整改。

具体来看,在从基础到结构再到装配的过渡时期,HRI 在开工后的 2 个月内有持续增长的趋势。在这两种情况下,REI 都有轻微的下降。这表明,建筑过渡阶段可能是发生事故的高危期。相反,对于这个项目,在每个项目阶段的最后几个月,所有 3 个标记的性能都得到了改善。在项目最后建设阶段,整改效率指标表现出管理绩效下降的趋势,在最后三个月的结果显示 REI 显著恶化了。这主要是由于未能在 11 月安全指南规定的时间内纠正多个新的风险,以及未能在 2017 年 12 月之前两个月纠正风险。在这段期间开始时,HRI 表明总风险发生水平上升。在这个阶段 SPI 和之前的 HRI 峰值,风险被确定在一系列的风险类别中,而电力和在高处工作的风险是最普遍的。随着项目的成熟,这种风险逐渐消失,但整体安全性能继续下降,SPI 的值表明在剩下的几个月的建设中,安全性能很差,而且永远无法从 1 级恢复。此时,项目正在进行中。

3. 与既有方法的对比验证

本节将提出的安全评估方法与项目安全检查评估人员使用的现有评分方法进行统计比较。对比 7 个项目,53% 的 SPI 的评价等级低于 CSPI,34% 相等,只有 13% 给出的评价等级高于 CSPI,所提出的综合 SPI 评估方法比现有的方法(CSPI)更保守。

虽然两种方法观察到的趋势大致相似,但在某些情况下,两种方法产生的结果差异较大。因此,有必要进一步研究 SPI 和 CSPI 之间的非典型差异。以项目 1 为例(图 4-5),2017 年 12 月,CSPI 等级为 3 级,SPI 等级为 1 级。通过检查记录,本月项目 1 确定了 21 个风险,其中有部分在考核期结束时逾期未解决,导致"整改超时"和"非整改超时"的分数大于及时整改的风险分数。因此,可以得出结论,工作场所是危险的,因为有一些被忽视的风险。在这种情况下,SPI 更善于发掘不安全的情况。

SPI 观测结果表明,这是一种较为保守的评价方法。这在一定程度上可以归因于标准化的风险分配框架,也可以归因于考虑了在给定的评估期内,由于现有风险而导致的风险暴露时间延长[54]。传统的风险评估方法虽然考虑了风险的频率和严重程度,但只使用单一的风险水平指标,因此可能只作为承包商的风险预警系统[14]。使用单一指标造成的数据损失是不可避免的信息损失。由于 SPI 实际上是两个关键指标(HRI 和 REI)的比

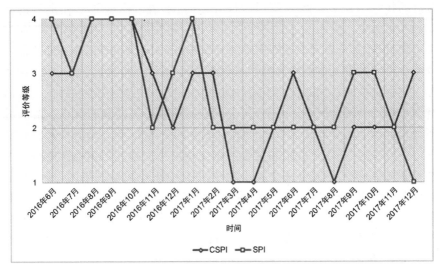

图 4-5　CSPI 和 SPI 评价结果对比（项目 1）

值,两者可以独立分析,为用户提供更多的信息。虽然 SPI 本身可能是一个适用于整个项目风险的警告机制,但它并没有突出项目改进的可操作领域。根据 Pereira 等学者的研究[256],未能识别风险和忽视风险是最高等级的事故前兆。通过使用 HRI 和 REI 指标,承包商可以确定项目是否遇到了太多的风险,或者管理团队在解决现有风险和减少暴露方面表现不佳。这一层次的信息使得承包商能够有效地引导资源,以解决安全管理故障。

　　此外,可以观察到,大多数项目评估随着时间的推移是锯齿状的,但这两个评估的波动并不完全一致。SPI 的结果偶尔会在一些项目上显示出优先趋势。例如,在图 4-5 中,2017 年 1 月至 3 月,SPI 的下降趋势是提前的;我们设想 SPI 在某些情况下具有优先趋势的能力,能够尽早识别项目的不安全状况。然而,这一推测只是从个别点推导出来的,并没有在安全评价中得到广泛的应用。

4. 讨论分析

　　本书将多种安全相关措施与施工过程的动态特性相结合,有助于提供安全失效的早期预警信号,能够积极推动安全改进。

　　如图 4-4 和图 4-5 所示,当项目安全等级变得很高时,容易出现下滑的趋势;而当安全水平较低时,会有一定程度的恢复,但整个过程很难稳定在较好的状态(3 级或 4 级)[81]。然而,与 Lingard 的结果不同,评价曲线的周期性并不明显。不同项目的评价曲线具有不同的趋势,这与承包商资质、施工管理策略、安全管理态度等因素的差异有关。因此,根据当前的数据很难计算出可用于安全评估和预警的一般波动周期[49]。在本案例项目中,2017年 4 月和 5 月的新风险得到了很好的控制,但现场整改不及时,到下个月仍有部分风险未得到纠正。因此,安全管理的绩效处于较差的状态。虽然后期管理者和工人更加重视整改,整改绩效达到了 3 级,但是新的风险没有得到很好的控制,综合评价仍然处于不安全的状态。这一趋势与 Lingard 观察到的规律一致,当安全注意度下降时,则记录中的风险发生率上升,通过采取管理措施,风险发生率再次下降。然而,从综合评估的角度来看,不安全状况持续了 6 个月后才有所改善。这表明,虽然把重点放在控制风险或提高风险管理绩效上,可以使风险单独得到快速的改善,但综合评价并不能很快得到改善。只有当两个指标都处于较好的状态时,才说明项目处于安全状态。由于系统的演化路径是长时间收敛与短时间重定向的交替[257]。从能源的角度来看,当安全状态被打破时,需要花费大量的精力和时间来改善施工现场的不安全因素,以重新建立新的平衡。因此,当项目处于安全状态时,工人和管理者不应该放松,因为在这个时候维护安全可以节省大量的精力和时间,达到良好的效果。

但是,保守的 SPI 指标导致对安全的过分重视,增加了现场安全检查员的数量和工作量,提高了工人的培训频率,增加了施工成本。基于现有的安全监控实践和安全检查系统,新技术或系统的开发和应用及其高昂的成本给研究人员和从业人员带来了一个既现实又理论的挑战。从长远来看,虽然适应期会导致费用增加,但利用三个指标提供的综合信息,可以减少现场的安全问题,提高工人的操作合规性,减少新的风险出现和发展。同时提高了整改效率,降低了工人的风险暴露。最后,建设项目的良性发展也会在一定程度上降低风险成本。

4.4.3　安全评价的时间分析

在本节中,对 REI、HRI 和综合 SPI 数据进行了时间分析,以识别趋势和现象,这些规律可用于为未来的项目制定前瞻性的安全管理策略。

首先,通过 7 个案例研究项目,研究 HRI,REI 和 SPI 的波峰和波谷,与最高和最低风险传播相关的施工阶段的模式变得明显。在所研究的 7 个项目中,有 5 个项目的 HRI 在施工拟合阶段达到峰值。此外,在 7 个项目中,有 5 个项目的 HRI 得分较低,这表明风险相对较低,这是在结构阶段发现的。观察整改性能的趋势,在性能差的情况下也观察到类似的趋势。在 7 个项目中的 6 个项目的施工拟合阶段,REI 的绝对最低值也被发现。然而,与 HRI 不同,REI 的最佳评估月份似乎没有遵循任何模式。高峰月均分布在三个建设阶段。由于 SPI 代表了整改效果与风险发展的比率,在对这一综合指标进行时间分析时也发现了类似的趋势。在 7 个项目中,有 6 个项目的 SPI 得分在结构性工作中达到峰值。7 个项目中有 6 个项目在拟合阶段 SPI 得分最低。在三个指标评级的数据集中,没有明显的季节性或月份相关性。

其次,检查了基础、结构和安装施工阶段之间的过渡时期,并观察了在这些项目里程碑之前和之后的一个月的性能趋势。在这里,性能模式表明这些过渡时期可能与施工团队的高安全风险相关。在多个项目所观察到的过渡时期,所有这些指标都出现了退化。表 4-8 显示了项目 1 的这一趋势,可以观察到 REI 和 HRI 在过渡点都显著下降。这表明在这些期间新风险的发展有所增加,并意味着管理小组无法对风险传播的突然增加做出有效反应。

在超过 40％的研究案例中,初始基础工作和结构工作之间的过渡阶段与指标性能下降有关。如表 4-8 所示,在这个过渡点,项目 1、项目 3 和项目 7 的 HRI 和 SPI 下降,而项目 1、项目 4 和项目 5 的 REI 下降。在下一个过渡点,将确定更强的关联。所有 7 个项目从结构到装配的转变与 HRI 和 SPI 的显著下降有关。在这个过渡点,大约 57％的项目经历了整改性能的下降。

表 4-8　在过渡阶段的性能趋势

	基础-主体			主体-装修		
	SPI 降低	HRI 上升	REI 降低	SPI 降低	HRI 上升	REI 降低
项目 1	✓	✓	✓	✓	✓	✓
项目 2				✓	✓	
项目 3	✓	✓		✓	✓	
项目 4			✓	✓	✓	✓
项目 5			✓	✓	✓	
项目 6				✓	✓	
项目 7	✓	✓		✓	✓	✓

最后,使用所提出的方法对案例项目结果进行时间分析,突出了主动监控策略在推动施工现场主动安全措施方面的有效性,并为所有项目确定了需要高度注意安全的一般领域。例如,施工的拟合阶段通常与新风险的出现和管理整改性能的最差平均和绝对性能相关。对施工事故频率的分析也支持这一数据,这表明最高的事故频率发生在装配阶段,除了连接、屋顶和包层任务外,还包括许多机械和电气任务。在项目的最后几个月里,项目团队在项目完成时的自满情绪的偏差的正常化致使一些项目的性能指标的恶化。之前的先验指标研究也可能支持这一观点,这些研究表明,项目的完成程度在整体风险水平中发挥作用。

其他因素也可能在这里发挥作用,如合同完成日期临近的最后期限压力。过渡时期被认为是高风险的,特别是在结构和拟合阶段之间。这些知识可以帮助管理小组预先规划额外的资源和战略,以便在这些高危时期增加安全工作量。此外,建筑项目是独特的和动态的环境,需要动态安全管理策略。因此,虽然对这些项目的集体分析确实为未来的项目提供了一些有用的信息,但对安全性能的时间分析是最有益的,因为它是在逐个项目的基础上作为正式战略的一部分实施的。对案例项目的追溯监测和分析表明,安全性能数据为承包商和其他利益相关者提供了早期预警价值。这强调了如何利用对趋势和性能模式的观察来确定项目安全状态的恶化和与事故相关的高风险期。从通过前瞻性管理而不是对风险或安全事件的反应的角度来看,正式监控计划的实施将有助于在高风险情况下的纠正和战略实施。

4.5　小　　结

在本章的研究中,我们开发了一种前瞻性的安全绩效评估方法,其中承包商和其他利益相关者可以应用动态的评价指标进行风险分析和监控策略;此外,还指出了建筑业传统安全管理评价对风险整改效率的忽视。该框架提出的安全性能指数 SPI 是 HRI 和 REI 两个指标的组合。首先,HRI通过解决传统上应用于建筑工地的风险评估方法的缺陷,为风险的传播提供了一种客观的现场风险度量。其次,REI 作为一种管理绩效指标,利用SPA 对评价期内存在过期和未解决风险的项目的风险整改绩效进行量化。最后,SPI 被视为一个项目管理团队消除与开发新风险相关的风险的能力。结果表明,SPI 是一个保守的安全评价参数,是两个指标的组合,提供了可操作的信息,并引入整改性能作为新的安全指标。

　　整改效率的引入促进了动态和稳健的安全绩效评估,该评估考虑了管理绩效的主动和客观度量。实例应用表明,该方法是一种保守可靠的安全性能评价方法,适用于时间分析和形式化监控。这些策略有望推动主动安全管理。除了通过 SPI,HRI 和 REI 指标为综合评价提供一个明确的框架外,本研究还为制定新的主动安全监测策略提供了一些通用的指导方针,并为未来的研究奠定了基础。它在个案项目中的应用突出了一些一般的高风险地区和建筑工地的时期。综上所述,实施包含项目安全管理措施的正式监控策略,可能对决策者大有裨益,并可改善建造业的安全管理和绩效。

　　但本研究也存在一定的局限性。首先,工程安全是一个复杂的课题,影响建设项目安全水平的因素是多方面的。建议的框架仅使用现有的项目记录和管理团队的绩效来开发。同时,整改绩效可能是对安全的总体态度,与管理团队的整体绩效相关。然而,这并没有直接考虑更广泛的管理因素,如安全规划和规划、成本和教育培训。在今后的研究中,还应考虑检查频率的影响。此外,性能等级是根据案例数据来确定的,因为所提出的方法考虑了给定项目相对于基准项目的性能。需要更广泛的项目数据库来提高这个系统的准确性,需要事故数据来建立潜在的安全或不安全性能区。最后,通过与已建立的方法和现场检查记录的结果进行回溯性比较,验证了所提方法的有效性,这可能需要进一步的验证。

第 5 章　基于能量耗散的安全评价预警模型

5.1　理论基础和方法综述

5.1.1　开放系统的稳态

  吴超提出安全系统是远离平衡状态的非线性系统[38],事故可以看作系统中微小的扰动引起系统能量的涨落,最终超过一定阈值导致系统失稳[258]。在施工安全管理中,安全检查人员在复杂的施工环境中识别风险进而控制风险,使得系统内部由风险发生引起的能量变化与外部环境的管理作用形成互动,因此施工现场安全系统体现了复杂系统的开放性和动态性本能[258]。

  在一个封闭系统中,当系统中作用相反的变量处于平衡状态时,就达到平衡,这种平衡属于静态的,而开放的系统,由于物质、能量和信息的通量不断变化,它们的平衡是动态的,也被称为稳态[259]。此时系统在观察者看来是静态的,但是通过系统的资源流动是动态和连续的。一个开放系统最重要的性质是它能做功,这是在一个处于平衡态的封闭系统中无法实现的,因为处于平衡态的封闭系统不需要能量来保持它的状态,也不能获得能量。为了有能量传递,一个开放系统必须处于不平衡状态,而为了实现稳态,需要不断从环境中汲取能源[260]。因此如果将安全系统作为封闭系统来看,不考虑来自环境或组织等的影响,就会导致安全管理与环境的错位,导致资源的获取和使用与环境的需求不一致,最终导致安全绩效不达标。一方面,长期存在大量风险的施工项目将随着时间的推移而继续恶化,并正朝着按照第二定律实现均衡的方向发展。另一方面,一个建设项目需要不断有积极的管理作用流入,使系统从环境中吸收这些能量才能使它远离混乱,并使它能够以可行的方向继续发展。以生命系统为例,要处于高稳态区域,就必须对运转良好、可持续发展的生命系统进行适当的控制,对安全系统来说也是如此。太少的控制会导致整合不良和混乱的局面,而过多的控制会导致适应不良和缺乏灵活性[80]。

图 5-1 描述了系统通过与外界进行能量交换保持动态平衡的过程。在一个开放的系统中,系统和环境之间不断进行着能量和信息的交迭,通过这种动态的交换,系统不断在稳定和不稳定之间变换,即使在一段时间内系统外部似乎是不变的,但其实系统内部依旧会发生变化[261]。假设时间 t 和 $t+s$ 下的状态向量分别为 $x(t)$ 和 $x(t+s)$,开放系统的状态在一个相对短的时间内可以表示为 $x(t)=x(t+s)$,从结构层面看,系统结构似乎没有变化,然而,构成时间 t 的系统的实际物质被时间 $t+s$ 时从外界传递进来的部分或全部取代。

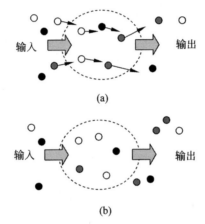

(a)

(b)

图 5-1　开放系统在 t 和 $t+s$ 时刻的稳态

(a) t 时刻的开放系统;(b) $t+s$ 时刻的开放系统

5.1.2　耗散结构理论

耗散理论可以把一个远离平衡的开放系统转变成新的状态(有序的时间、空间、功能),通过外部条件变化或系统参数达到一定阈值。它需要不断地交换物质和能量,来创造或维持新的稳定。20 世纪 70 年代由布鲁塞尔思想学派开创[262-263],这一理论植根于物理和化学领域。

耗散结构理论(DST)框架采用了系统安全熵和信息熵的概念来度量生态系统和安全系统无序程度的变化[264]。在布鲁塞尔模型和熵流模型的基础上,验证了根据熵方法,能源服务项目可以被视为一个耗散系统[78]。同样,考虑到风险协方差的影响,基于具有协调熵的 DST 建立了风险转移的熵流模型,用于反映电力系统的变化[79]。虽然上述研究将系统熵量化为安全性评价,但仍存在一些研究空白。首先,上述研究仅利用 DST 对临界风险引起的熵进行线性聚合。尽管如此,许多研究者已经断言,系统风险水平应该来自风险之间的非线性耦合作用[81-82]。其次,应使用风险传播和管理措施动态评估 DST 系统[80]。然而,以前的研究只评估系统安全性,以事后回顾的方式获得关键风险,以促进管理措施的有效性[1,83-84]。

　　根据耗散结构理论,开放系统具有从环境中不断输入自由能,同时输出熵的能力。因此,与孤立系统的熵不同,开放系统的熵可以保持在相同的水平,也可以减少(负熵)[262]。根据热力学第二定律,在任何开放系统中,如图 5-2 所示,熵变 dS 是在一定时间间隔,由生产系统中一个不可逆过程熵 d_iS(内部)与环境(外部)交换熵流 d_eS 所产生,$dS = d_eS + d_iS$(其中 $d_iS > 0$),

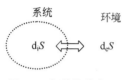

图 5-2　耗散结构意义上的开放系统

但与 d_iS 不同,外部分量(d_eS)可以是正的,也可以是负的。因此,如果 d_eS 是比较大的负数,则可能出现总熵是固定的($dS = 0$)或负数($dS < 0$),当总熵值为 0 时,此时系统达到平衡状态。

　　耗散系统的内部结构的发展,以及耗散系统产生、发展和终止的过程,都受来自环境的能量转移的控制,通过消耗能量并利用能量来抵消熵增加的趋势。耗散系统要保持增长,不仅要增加其负熵,而且必须消除在系统试图维持自身平衡时随时间自然累积的正熵。

5.2　基于 DST 的安全评价熵流模型

5.2.1　基于能量耗散的安全评价构成

　　在第 2 章～第 4 章中,将风险视作网络节点,风险耦合关系视为网络关联,以事故致因理论和系统论作为理论基础,构建了基于风险耦合的系统安全评价框架,然后参考级联故障分析范式,搭建基于级联触发的风险耦合模型,同时,基于系统评价要素构成,引入整改作用作为管理抗力,通过评价学方法量化管理绩效。采用熵流变化模拟系统所处的安全状态。至此系统安全评价框架中的要素都已经可以获得,本章将结合能量耗散理论,如图 5-3 所示,通过突变理论量化风险和风险耦合对系统的影响作为正熵,同时管理作用使得系统由混乱和不平衡逐渐趋于平衡稳定的状态,所以将其视为负熵,构建系统安全评价的熵流模型,进一步讨论系统风险耦合失效的能量变化和管理作用下的系统能量变化。

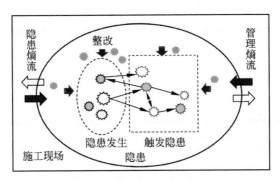

图 5-3　施工现场开放系统

　　首先,通过模拟风险级联触发过程,无论节点是否被触发,其耦合熵流都会沿着路径向下一节点传递,计算可以识别风险级联触发关键路径。同时结合关键耦合风险进行风险预警,为安全检查人员制定高效准确的风险排查提供参考。

　　然后,基于突变理论,将耗散结构理论应用于现场施工安全状态评估。首先,将现场施工安全管理系统视为一个随内外系统能量交换而自发由无序向有序发展的耗散系统。其次利用突变理论按照熵值法计算安全指标的权重。最后将风险发生和整改纳入安全评价熵流模型,根据工业实践对结果进行比较和讨论,以进行验证。

5.2.2　构建基于级联触发的风险耦合熵流模型

　　熵流模型通常用于耗散结构中的能量传递,主要将结构中的信息转换为可传递能量[80]。在风险耦合模型的基础上,进一步构建风险耦合熵流模型,如图 5-4 所示。

　　当一个风险被触发时,风险级联触发路径上会产生熵流的波动,通过风险耦合的破坏产生熵流,该风险会将熵流自动传递给与它相邻的其他风险节点。根据耗散结构理论中常用的熵流计算方法[78],将风险关联出现频率的变化对系统的影响作为信息熵,结合风险后果计算风险耦合熵流,以风险 A→B→C 这条路径为例,风险 A 指向风险 B 的熵流 entropy(A,B)简写成 $e(AB)$,可以用下式计算:

$$e(A,B) = \mathrm{entropy}(A,B) = -P(B \mid A)\ln(P(B \mid A))\mathrm{cons}(B) \quad (5\text{-}1)$$

其中,$P(B \mid A)$表示在风险 A 发生的条件下风险 B 发生的概率,cons(B)表示风险 B 的后果严重程度,这两个参数分别参考 2.2.3 节和 2.2.4 节中的

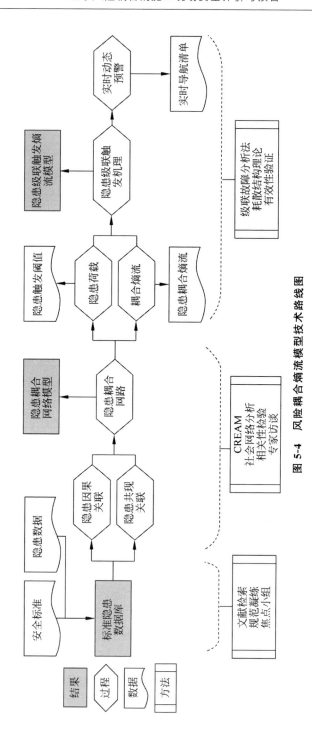

图 5-4　风险耦合熵流模型技术路线图

内容获得。那么由 A 触发引起的风险 B 指向风险 C 的熵流可以计算为

$$e(\text{B,C}) = P(\text{B} \mid \text{A}) \cdot \text{entropy}(\text{BC})$$
$$= -P(\text{B} \mid \text{A}) \cdot P(\text{C} \mid \text{B})\ln(P(\text{B} \mid \text{A}))\text{cons}(\text{B}) \qquad (5\text{-}2)$$

因此,当网络中第一个节点被触发后,其第 i 个节点与第 $(i+1)$ 个节点耦合的熵流计算如下:

$$e(\text{node}(i), \text{node}(i+1))$$
$$= \prod_{j=2}^{i} P(\text{node}(j) \mid \text{node}(j-1))\text{entropy}(\text{node}(i), \text{node}(i+1))$$

$$(5\text{-}3)$$

其中,j 是风险 i 前面在一条传播路径上的风险。

最后,系统中由该风险引起的熵流变化 S 等于所有触发的风险耦合熵流之和。

$$S = \sum e_{\text{node}(i), \text{node}(i+1)} \qquad (5\text{-}4)$$

在计算风险耦合引起的熵流波动过程中,既要遵守 3.2.2 节中风险级联触发过程的假设,也要遵守以下两个假设:

假设 1:当多个风险同时发生时,每个风险的发生和影响是相互独立、相互叠加的。例如,如果 H07 和 H19 同时发生,两种风险发生的概率是相互独立的,但是在下一个转移阶段,两种风险对 H34 不确定度的影响可以叠加。

假设 2:在风险级联触发过程中,同一个风险引起的风险耦合熵流波动只能产生一次。

5.2.3　构建施工现场安全评价熵流模型

现场施工安全管理系统被视为一个通过内外系统能量交换而自发由无序向有序发展的耗散系统。本节基于耗散结构理论构建系统安全评价熵流模型,评价系统安全性。首先基于突变理论确定安全评价体系指标的权重,根据风险发生情况计算系统正熵,其次将管理绩效作为风险负熵纳入熵流模型,最后将评价结果与施工现场的安全评价进行比较和讨论,以进行验证。

基于拓扑和结构稳定性理论,Rene Thom 于 1972 年提出了突变理论,研究了动态系统中自变量的连续变化对因变量不连续变化的影响。该方法适用于不确定系统的研究,且已经在其他领域广泛应用[265-266],建筑安全系

统是复杂的非线性系统,因此选取突变理论对系统熵流进行计算。突变理论的势函数是由状态变量和控制变量构成[267],系统在任何时候的状态完全由给定变量的值决定,称为状态变量,系统由其他独立变量控制。突变理论研究势函数的退化临界点。研究中常用的突变模型有 7 个,控制变量均小于 5 个。但是,由于本节的控制变量数量超过 5 个,因此采用任意自变量数量的突变模型。

$$V_n(x) = x^{n+2} + a_1 x^n + a_2 x^{n-1} + \cdots + a_n x \tag{5-5}$$

$$x_1 = \sqrt{a_1}, x_2 = \sqrt[3]{a_2}, \cdots, x_n = \sqrt[n+1]{a_n} \tag{5-6}$$

其中,$V_n(x)$ 是系统势函数,x 是状态函数,$a = (a_1, a_2, \cdots, a_n)$ 是 n 维控制变量。

在系统安全评价体系中,每一级指标都由几个子指标组成,将每一级指标视为一个动态系统,在这一层级的指标视为状态变量 x,其子指标视为控制变量 a。首先通过各子指标控制变量 a 的大小,对其进行排序,按从大到小排序为 $a_1, a_2, \cdots, a_{k^*}, a_n$,根据其排名 k^* 计算状态变量 x 的值,最终汇总每一级子指标的值得到该指标突变级数即为风险熵流,参考式(5-7):

$$F = \sum \frac{\sqrt[1+k^*]{a_{k^*}}}{n} \tag{5-7}$$

式(5-7)中,n 为子指标个数。

以本书采用的实证数据为例(数据来源和处理见 2.3.1 节),详细解释每个等级指标上的突变级数计算过程。根据国内外安全标准建立的系统安全评价框架包括 5 个一级指标,16 个二级指标,83 个三级指标。x_{ij} 表示第 i 笔检查记录中,编号为 j 的风险共发生的次数。

然后根据风险熵值权重的大小(见 4.4.1 节),对风险进行排序,熵值越大的风险,重要程度越高。在对三个等级的指标确定排序时,以风险的熵权为基础,从第三级指标开始,自下而上计算。例如,一级指标"安全管理"中包含了"基础管理"等 5 个二级指标,经计算,5 个二级指标的突变级数值为0.3297,0,0.1131,0.1816,0,相应的熵值权重大小为 0.0175,0.0828,0.0358,0.0814,0.0241,按熵值权重从大到小排序为 2,4,3,5,1,则"安全管理"的突变级数值为

$$F = \frac{\sqrt[1+1]{0} + \sqrt[1+2]{0.1816} + \sqrt[1+3]{0.1131} + \sqrt[1+4]{0} + \sqrt[1+5]{0.3297}}{5} = 0.3955$$

项目施工安全情况的评价由"安全管理""环境条件""安全能力""设备设施""材料质量控制"这 5 个一级指标构成,按熵值权重从大到小排序为"环境条件""安全管理""材料质量控制""安全能力""设备设施"。基于上一步的计算,5 个一级指标的突变级数值为 0.3955,0,0,0.5303,0.1130,则根据突变势函数公式,可以得到项目施工安全风险评价的突变级数值为

$$F = \frac{\sqrt[1+1]{0.5303} + \sqrt[1+2]{0} + \sqrt[1+3]{0} + \sqrt[1+4]{0.1130} + \sqrt[1+5]{0.3955}}{5} = 0.4463$$

通过突变理论得到的指标体系的评价级数 F 作为正熵 S^+,以第 4 章中基于竞合模型的管理绩效表征整改对系统安全的影响作为负熵 S^-,则在一定评价区间内,系统安全熵流 $S = S^+ + S^-$。

5.3　基于 DST 的动态评价预警实证分析

本节实证分析的数据来源与第 2 章中的实证数据来源一致,即来自山东省青岛市的 7 个建筑工程施工过程中的安全检查记录,包含风险和整改的记录,数据采集和标准化过程可参考 2.3.1 节,基于第 3 章构建的风险耦合网络和第 4 章提出的综合评价指标和方法,本节基于实证数据分别探讨耗散结构理论下的系统评价结果。

5.3.1　风险耦合熵流结果分析

风险耦合熵流结果见表 5-1,正熵会破坏安全系统的稳定性[78]。因此,必须识别关键的耦合风险并减少正熵流,以确保工人的安全环境。从熵值来看,H42 与 H18 的耦合熵流最显著,为 3.455;H40 和 H32 的耦合熵流最小,只有 0.001。这表明,不充分的规划和较低的事故发生概率对结构设计观测的遗漏有重要影响[210]。结果显示,高的风险出现频率和耦合强度不一定对应于更高的能量,通过计算发现当耦合概率超过 0.348 时,基于信息混淆和不确定性的熵流会随着耦合概率的增大而减小。可以解释为,风险是一个小概率事件,当风险耦合概率极低时,由风险耦合引起的混沌程度会随着风险概率的增大而增大。然而,当风险耦合的概率较高时,有些情况是该风险在施工现场时常发生,且没有严重后果,是可以及时发现和纠正的,不会对系统造成突然的、不可逆转的损害。

表 5-1 风险耦合熵流

排序	前 置 风 险	后 置 风 险	熵流	条件概率	后果
1	H42 施工脚手架超过规定高度,没有请专家组织论证	H18 支护结构水平位移达到设计报警值,未采取有效控制措施	3.455	0.504	10
2	H23 经抽查脚手架扣件紧固力距达不到要求	H34 未安装地面防护围栏门联锁保护装置或联锁保护装置不灵敏	2.932	0.337	8
3	H16 相邻的吊篮上、下立体交叉作业时安全防护不到位	H18 支护结构水平位移达到设计报警值,未采取有效控制措施	2.910	0.157	10
4	H05 防护设施未形成定型化、工具式	H10 斜拉杆或钢丝绳未按要求在平台两侧各设置两道	2.569	0.122	10
5	H07 防护设施未形成定型化、工具式	H10 斜拉杆或钢丝绳未按要求在平台两侧各设置两道	2.438	0.111	10
6	H07 防护设施未形成定型化、工具式	H34 未安装地面防护围栏门联锁保护装置或联锁保护装置不灵敏	2.429	0.173	8
7	H41 悬挑式脚手架搭设到规定高度后没有及时设置剪刀撑	H34 未安装地面防护围栏门联锁保护装置或联锁保护装置不灵敏	2.241	0.145	8
8	H17 施工作业层外侧脚手架架体上有散堆放的脚手架扣件	H02 高处作业人员安全带的系挂不符合规范要求	1.839	0.367	5
9	H23 经抽查脚手架扣件紧固力距达不到要求	H02 高处作业人员安全带的系挂不符合规范要求	1.833	0.337	5
10	H21 立杆间距、纵向水平杆步距超过设计或规范要求	H43 悬挑式脚手架悬挑梁头端个别卸荷钢丝绳卡扣安装方向错误	1.733	0.500	5
⋮	⋮	⋮	⋮	⋮	⋮
46	H19 脚手架层间防护上杂物较多没有及时清理	H05 防护设施未形成定型化、工具式	1.065	0.469	3
⋮	⋮	⋮	⋮	⋮	⋮

续表

排序	前 置 风 险	后 置 风 险	熵流	条件概率	后果
52	H20 施工作业层的脚手板不符合要求	H05 防护设施未形成定型化、工具式	1.022	0.518	3
⋮	⋮	⋮	⋮	⋮	⋮
221	H40 施工作业层安全防护栏杆没有按规定设置，作业层未设置高度不小于 180mm 的挡脚板	H32 立杆伸出顶层水平杆的长度超过规范要求	0.001	0.00006	2

前十位耦合风险主要是指序列错误、知识不足、观测遗漏或计划不充分。研究结果还表明：考虑耦合关系后，当风险发生概率较高时，其熵流不一定较大。例如，$P(H20)=0.0839$ 大于 $P(H25)=0.0820$，但 $P(H20|H07)=0.090$ 小于 $P(H25|H07)=0.104$。耦合熵 $CE(H20|H07)$ 小于 $CE(H25|H07)$；耦合强度大时，熵流不一定大。有两个主要原因。一是对严重后果的考虑。例如，$CE(H10|H07)$ 和 $CE(H34|H07)$，而后者与风险发生的概率有关。二是 $P(H05|H19)=0.469$ 小于 $P(H05|H20)=0.518$，$CE(H05|H19)$ 也大于 $CE(H05|H20)$。

通过模拟风险级联触发过程，无论节点是否被触发，其耦合熵流都会沿着路径向下一节点传递，计算可以得到风险级联触发关键路径。同时结合关键耦合风险进行风险预警，为安全检查人员制定高效准确的风险排查提供参考。

5.3.2 安全评价指标熵权结果分析

在熵权法的基础上，首先得到了施工现场风险的不确定度熵权。权重越高，就越有可能破坏安全系统的平衡。这表明，这些风险大多属于安全防护的类型，说明在实际施工过程中，安全防护问题发生的频率最高，主要集中在防护设施不完善或不符合要求。与建筑耗电量有关的风险也是一个值得注意的风险，由于其后果严重，一旦发现，需要立即消除。

在表 5-2 中，提取了第三级指标中熵权排名前 10 的指标，熵权最大的是"作业面边沿没有设置连续的临边防护栏杆"，可以发现一半以上都是安全防护中的风险，用实证的数据说明了安全防护措施、人的安全防护行为都需要在安全检查中引起重视。

与表 5-2 类似,表 5-3 中前 10 名第三级指标大多属于设备设施。通过查阅原始资料发现,材料存放不规范的主要原因是缺乏材料分类和灭火器材。在人为因素中,非法经营的风险比其他风险更容易发生。他们大多不熟悉规范,安全意识淡薄。

表 5-2　熵权排名前十的风险

排序	风险描述	熵权	二级指标	一级指标
1	作业面边沿没有设置连续的临边防护栏杆	0.005543	安全防护	设备设施
2	施工现场配电系统不符合三级配电、二级漏电保护要求,用电设备的各自专用开关箱配置不齐全	0.005418	施工设施	设备设施
3	预留洞口没有防护设施,不符合安全要求	0.005286	安全防护	设备设施
4	施工中的楼梯边口没有设置防护栏杆	0.005188	安全防护	设备设施
5	预留洞口边长在 1.5m 以上的防护设施不符合安全要求	0.005084	安全防护	设备设施
6	电梯井内没有按规定每隔两层且不大于 10m 设置安全平网	0.005084	安全防护	设备设施
7	施工作业层外侧脚手架搭设时架体上有散堆放的脚手架扣件	0.00508	施工设施	设备设施
8	易燃易爆物品未分类储藏在专用库房,存放处没设置消防灭火器材	0.005063	材料存储	材料质量控制
9	个别高处作业人员没有按规定系挂安全带	0.005026	安全防护	设备设施
10	临边防护设施、构造、强度不符合安全要求	0.005011	安全防护	设备设施

表 5-3　熵权排名前十的三级指标

一级指标	二级指标	三级指标	熵值权重
设备设施	施工机具	气瓶	0.09011
设备设施	安全防护	安全网	0.06599
设备设施	安全防护	洞口井口防护	0.06509
设备设施	施工设施	施工运输设施	0.04690
设备设施	施工设施	施工用电	0.04339
设备设施	安全防护	限位装置	0.04216

续表

一级指标	二级指标	三级指标	熵值权重
设备设施	安全防护	防护栏	0.03674
设备设施	安全防护	安全装置	0.03491
安全管理	安全生产管理与监督	教育培训	0.03271
设备设施	施工设施	脚手架	0.0313

综上,得到了第一个指标和第二个指标的熵权。如表 5-4 和表 5-5 所示,设备和设施的重量最高,其次是材料的质量。设备设施子指标的熵权较高,说明这些问题在施工现场频繁发生,对系统稳定性影响最大。结合表 5-2 和表 5-3,可以具体检查和消除施工现场的风险。

表 5-4 二级指标熵权

一级指标	二级指标	熵值权重
设备设施	安全防护	0.1630
设备设施	施工机具	0.1460
设备设施	施工设备与车辆	0.1341
安全管理	组织结构	0.0828
安全管理	应急救援	0.0813
设备设施	施工设施	0.0761
材料质量控制	材料储存	0.0695
个人能力	安全能力	0.0530
环境条件	工作现场环境	0.0503
材料质量控制	材料使用	0.0495
安全管理	安全生产管理与监督	0.0357
安全管理	事故调查处理	0.0240
安全管理	基础管理	0.0175
材料质量控制	采购	0.0164

表 5-5 一级指标熵权

一级指标	熵值权重
设备设施	0.5948
安全能力	0.1324
环境条件	0.1257
材料质量控制	0.0960
安全管理	0.0508

5.3.3　基于 DST 的风险级联触发预警

在 5.3.1 节中,首先总结了关键耦合并讨论了它们的含义,本节将通过一个案例研究来模拟风险耦合网络中的风险转移过程,从而找到关键风险传播路径,结合传播过程中的关键风险耦合,为安全检查提供建议。在第 3 章案例的基础上,引入熵流驱动模型运作。假设风险 H05 被安全检查员确认为触发节点,模拟了相关风险级联触发引起的熵流变化,研究了 DST 下的风险耦合传递的能量变化。具体模拟结果见表 5-6、表 5-7 和表 5-8。

表 5-6　$t=2$ 阶段风险耦合熵流

前置风险	后置风险	熵流
H05 防护设施未形成定型化、工具式	H02 高处作业人员安全带的系挂不符合规范要求	1.314
H05 防护设施未形成定型化、工具式	H07 防护设施未形成定型化、工具式	1.006
H05 防护设施未形成定型化、工具式	H10 斜拉杆或钢丝绳未按要求在平台两侧各设置两道	2.569
H05 防护设施未形成定型化、工具式	H18 支护结构水平位移达到设计报警值,未采取有效控制措施	0.500
H05 防护设施未形成定型化、工具式	H19 脚手架层间防护上杂物较多没有及时清理	1.284
H05 防护设施未形成定型化、工具式	H20 施工作业层的脚手板不符合要求	1.151
H05 防护设施未形成定型化、工具式	H25 搭设高度超过 24m 的双排脚手架,未采用刚性连墙件与建筑结构可靠连接,扣 10 分	1.253
H05 防护设施未形成定型化、工具式	H26 作业层里排架体与建筑物之间封闭不严	1.626
H05 防护设施未形成定型化、工具式	H28 架体底部扫地杆设置不符合安全规定要求	0.949
H05 防护设施未形成定型化、工具式	H30 剪刀撑或斜杆设置不符合规范要求	0.144
H05 防护设施未形成定型化、工具式	H32 立杆伸出顶层水平杆的长度超过规范要求	0.169
H05 防护设施未形成定型化、工具式	H40 施工作业层安全防护栏杆没有按规定设置,作业层未设置高度不小于 180mm 的挡脚板	0.111
H05 防护设施未形成定型化、工具式	H41 悬挑式脚手架搭设到规定高度后没有及时设置剪刀撑	0.103
H05 防护设施未形成定型化、工具式	H43 悬挑式脚手架悬挑梁头端个别卸荷钢丝绳卡扣安装方向错误	0.949

表 5-7 $t＝3$ 阶段风险耦合熵流

前 置 风 险	后 置 风 险	熵流
H07 防护设施未形成定型化、工具式	H34 未安装地面防护围栏门联锁保护装置或联锁保护装置不灵敏	2.225
H07 防护设施未形成定型化、工具式	H10 斜拉杆或钢丝绳未按要求在平台两侧各设置两道	2.149
H07 防护设施未形成定型化、工具式	H41 悬挑式脚手架搭设到规定高度后没有及时设置剪刀撑	1.222
H07 防护设施未形成定型化、工具式	H14 附着式升降脚手架没有安装同步控制装置或技术性能不符合规范要求	1.220
H07 防护设施未形成定型化、工具式	H19 脚手架层间防护上杂物较多,没有及时清理	1.175
H07 防护设施未形成定型化、工具式	H15 经检查发现作业人员从楼层进出吊篮	1.062
H07 防护设施未形成定型化、工具式	H25 搭设高度超过 24m 的双排脚手架,未采用刚性连墙件与建筑结构可靠连接,扣 10 分	1.04
H07 防护设施未形成定型化、工具式	H20 施工作业层的脚手板不符合要求	0.978
H07 防护设施未形成定型化、工具式	H18 支护结构水平位移达到设计报警值,未采取有效控制措施	0.934
H41 悬挑式脚手架搭设到规定高度后、没有及时设置剪刀撑	H34 未安装地面防护围栏门联锁保护装置或联锁保护装置不灵敏	0.458
⋮	⋮	⋮
H02 高处作业人员安全带的系挂不符合规范要求	H07 防护设施未形成定型化、工具式	0.187
⋮	⋮	⋮
H10 斜拉杆或钢丝绳未按要求在平台两侧各设置两道	H03 施工作业人员佩戴安全帽时没有系紧帽带	0.042
⋮	⋮	⋮
H26 作业层里排架体与建筑物之间封闭不严	H03 施工作业人员佩戴安全帽时没有系紧帽带	$2.24×10^{-4}$

表 5-8　$t=4$ 阶段风险耦合熵流

前 置 风 险	后 置 风 险	熵流/10^{-2}
H42 施工脚手架超过规定高度,没有请专家组织论证	H32 立杆伸出顶层水平杆的长度超过规范要求	0.826
H34 未安装地面防护围栏门联锁保护装置或联锁保护装置不灵敏	H30 剪刀撑或斜杆设置不符合规范要求	0.065
H34 未安装地面防护围栏门联锁保护装置或联锁保护装置不灵敏	H32 立杆伸出顶层水平杆的长度超过规范要求	0.026
H42 施工脚手架超过规定高度,没有请专家组织论证	H30 剪刀撑或斜杆设置不符合规范要求	0.003
H13 未设置人员上下专用通道	H30 剪刀撑或斜杆设置不符合规范要求	0.003
H16 相邻的吊篮上、下立体交叉作业时安全防护不到位	H32 立杆伸出顶层水平杆的长度超过规范要求	6.53×10^{-6}

1. 关键风险耦合

根据表 5-6,当 H05 在 $t=2$ 时触发时,有 14 个具有因果关系或共现关系的风险耦合产生熵流。在此阶段,如表 5-6 所示,最大熵 2.569 由 CE(H10│H5)产生,最小熵 0.103 由 CE(H41│H5)产生。由于熵流的差别很小,这些风险耦合可以看作本质关联。因此,H05 作为安全系统中的桥梁节点,属于会引发系统混乱的风险。$t=3$ 时,如表 5-7 所示,触发 73 个风险耦合。大多数风险将其熵流转移到新的风险,但有些将熵转移到 $t=2$ 时触发的风险。例如,H02 将熵转移到 H07,并且根据假设 2,该路径在此阶段结束。当 $t=3$ 时,CE(H2│H5)=1.314 大于 CE(H7│H5),尽管 H02 产生的熵远小于 H07。

由此可以推断,H02(高空作业人员安全带系紧不符合规范要求)是一种关键风险,对其他风险或系统稳定性影响比较大。H10 与 H15、H16、H34 和 H37 一起生成熵流,这些在前一阶段被排除在外。虽然 CE(H7│H5)小于 CE(H10│H5),但 H07 的耦合熵远大于 H10 的耦合熵。

此外,直接相关比 H05 少 11 个。这表明,虽然 H07(井洞口缺少防护装置)不是关键的桥梁节点,但它对系统稳定性的破坏作用可能导致事故的发生。还可以推测,当防护设施失效时,工作人员可随意进入防护区,堆放杂物。由于 H19(脚手架保护层杂物未及时清理干净)的分布重量较小,未触发风险。H19 虽然没有被触发,但其不确定性传递到 H34(因果关系),从而在前一阶段触发了互斥的 H34(未安装地面防护围栏门联锁保护装置或联锁保护装置不灵敏)。其次,虽然 H19 没有被触发,但它的不确定性被传输到与之相关的 H13(上下人员没有专用通道),导致 H18 被触发(支护结构水平位移达到设计报警值未采取有效控制措施)。

当风险传递到 $t=4$ 阶段时,可以看到熵流相比前两个阶段已经非常小,虽然在上文中提到仍旧有节点被触发,但此时被触发的风险对系统的稳定性影响已经非常小。

最后,基于 DST 确定能量传递机制和关键风险路径。在能量传递过程中,应注意以下关键风险耦合:①和许多重要风险相关联,此类关键风险可以作为桥梁节点。②有些节点(H02)对其他节点和系统稳定性影响大,此类关键风险视为高位风险。③虽然有些节点(H07)不是关键的桥梁节点,它们对系统稳定性的破坏性影响会导致严重的后果,也可视为高位风险。④与前一节点有负相关关联的风险(H34)可以被前一节点的触发屏蔽,但可以被其他因果关系触发。⑤虽然存在某些风险(H19)未被触发,但其不确定性和熵值被传递到其耦合风险。

2. 关键路径

风险路径的熵流综合越高,路径的发生概率和结果的综合效应越高。通过比较同一起始节点的两条路径,可以发现当风险 H05 触发时,虽然 CE(H26|H05)的熵值大于 CE(H07|H05)的熵值,但路径 1 的熵值小于路径 2 的熵值。

路径 1:H05—H26—H34—H32,
　　　CE(H26|H05)+CE(H34|H26)+CE(H32|H34)=3.174
路径 2:H05—H07—H34—H32,
　　　CE(H07|H05)+CE(H34|H07)+CE(H32|H34)=3.436

焦点小组的结果直接证实了这些关于触发路径的发现。将关键风险传播路径与关键风险耦合相结合,可以得到基于风险耦合的系统安全预警清单,在本案例中,如果检测到风险 H05,那么所提供的参考检查清单见表 5-9。

表 5-9　参考风险检查清单

编号	风　　　　险	依　　据
H02	高处作业人员安全带的系挂不符合规范要求	关键耦合
H26	作业层里排架体与建筑物之间封闭不严	关键路径
H19	脚手架层间防护上杂物较多,没有及时清理	关键耦合
H07	井洞口防护设施缺失	关键耦合

5.3.4　基于 DST 的安全动态评价

5.3.3 节基于突变理论确定风险引起的系统正熵,与管理作用对系统的影响相结合,构建系统安全评价熵流模型,本节将用实证分析基于耗散结构理论的系统安全评价结果。

1. 安全评价熵流模型结果分析与验证

采用四分位数法将数值与 1～4 级进行分类。如图 5-5 和图 5-6 所示,以项目 1 作为案例研究,对比由熵流模型计算的系统安全绩效 SPI,第 4 章比值法计算的系统安全绩效 DSPI,以及项目所采用的安全评估绩效 CSPI,可以看出趋势大部分相同,表明 3 种方法得到的结果相对一致。与趋势CSPI 相比,SPI 相对稳定,说明该现场施工安全体系具有通过提高风险管理效率来恢复平衡的能力。与以往的综合安全绩效(DSPI)研究相比,2016年 8 月和 2017 年 8 月的综合安全绩效差异较大,表现出不同的安全状态变化趋势。

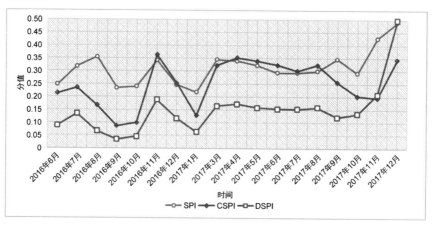

图 5-5　三种不同方法综合评价结果(见文前彩图)

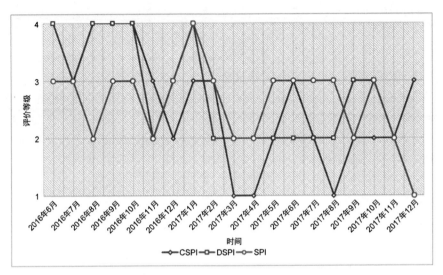

图 5-6　三种方法的等级评价结果（见文前彩图）

　　通过所示突变理论模型的评价结果,三种方法的评价结果趋势基本一致。在个别月份,这个分数甚至比传统方法给出的分数还要高。主要原因是考虑了现场安全管理的动态作用。虽然施工现场存在很多风险,但由于管理效率高,管理态度积极,施工现场仍然运行良好,运行稳定。有个别月份分数低于传统方法和以往研究的分数。原因可能是,该方法考虑了风险整改效率的影响,采用正熵和负熵之和,而以往的研究方法在一定程度上采用了风险后果与整改效率之比。风险整改效率对综合评价结果有不同程度的影响。在今后的研究中,可以通过收集更多的数据进行模拟和比较,来研究这两种方法的优缺点。另一方面,新的技术和系统的开发和应用需要提高安全投入成本,这为研究者和实践者提供了理论应用于实践的挑战,同时,保守的结果也可能导致过度关注安全,会增加现场安全检查人员的数量,增加工人培训的频率,从而增加建设成本。尽管本书提出的施工安全风险综合评价方法在适应期会导致安全投入成本增加,但是从长远来看,该方法可以减少施工现场的安全问题,提高工人的操作规范性,进而减少新风险的发生,同时提高风险整改效率,降低工人的风险暴露时间。因此,建设项目的安全发展也会在一定程度上降低风险成本。

2. 从能量耗散角度分析 HRI、REI 和 SPI 的关系

　　根据耗散结构理论,开放系统具有同时输入环境能量（安全管理）和输出熵(风险)的能力。应用耗散结构理论和熵流模型的过程表明,风险的不断发生使系统的状态越来越混乱。合理的工程管理应该将无序状态转变为有序状态[268],这需要考虑人为干预的影响[81]。然而,一般的研究很少考虑管理的内部作用。应根据风险管理状况,从相关风险方面探讨其对安全系统的影响。例如,当风险(井道口没有形成定型和工具型的防护设施)得到纠正时,风险(操作人员从地面进入和离开吊篮)不太可能发生。在安全检查记录中,检查人员在检查壁孔防护拆除是否已恢复时,要求工人立即整改和恢复防护,在很大程度上防止了工人从地板上下吊篮的可能性。在另一种情况下,一种风险的发生可以预防其他风险。为了避免风险(临边防护设施还没有形成定型),标准要求施工作业面的边缘要有连续的边缘防护设施,并用安全网封闭,这些措施也针对风险(作业层里排架体与建筑物之间封闭不严)。

使用耗散结构理论有很多优点:首先,建筑工地的安全状态包含了能量守恒,而不仅仅是风险的发生。这种安全评估方法不同于以往采用风险情况下的风险指标、风险概率和风险严重程度的研究[46]。其次,考虑到耗散结构理论对安全问题的潜在预警能力,该模型可应用于现场安全检查和风险整改后的安全状态动态评估预警。忽略管理因素持续变化的综合评价方法对预防事故的预警价值较小[218,269-270]。结合多种安全相关措施,由于施工过程的动态特性与风险直接相关[177],该方法可能提供安全失效的早期预警信号,从而可能推动主动的安全改进。最后,综合考虑整改性能、工程风险数、检查周期、施工面积等指标参数,通过参数的独立变化来比较项目之间或评价周期之间的安全性能。

5.4　案例分析:在建项目安全评价与预警

将基于DST的系统安全动态评价模型分别应用于7个项目的施工安全评价,计算评价周期中的三个评价指标(SPI、REI、HRI)对项目安全进行动态评价,本节采用的数据与上文一致,因此选用月度为评价周期,未来应用中还可采用一周甚至更短时间作为评价周期,达到动态掌控项目安全状态的的作用。本节先对7个项目的评价等级进行横向对比分析,然后对其中一个项目进行详细分析,包括项目前期后期的安全评估,主要风险和整治措施,以及效益分析和建议策略。

在图5-7中,HRI得分越高,施工区域中不安全因素的数量越大。根据

不同项目的平均 HRI 值,项目 2 最好,项目 5 最差。这些值表明,在 2017
年 12 月,第 5 个项目的工作场所经常发生风险,工人的安全意识较低。因
此,应加强人员培训,增加检查频率。从图 5-8 可以看出,REI 得分越高,管
理效率越高。根据这个指标,项目 3 是最好的,项目 7 是最差的;这一观察
结果表明,项目 7 的工作场所存在长期的风险。工人对安全问题并不认真,
因此检查人员应该敦促他们改正错误或采取惩罚措施。如图 5-9 所示,SPI
得分越高,项目综合绩效越高。根据这个参数,项目 3 是最好的,项目 5 和
7 是最差的。因此,SPI 可评估项目的风险和安全管理;此外,可以认为
HRI、REI、SPI 相结合可以对项目进行综合评价和管理。然而,没有一个项
目总是好的或总是坏的(即使是项目 3),它们会表现出不稳定性。因此,当
项目处于安全阶段向不安全阶段的过渡阶段时,应根据绩效指标及时调整
管理策略,尽快恢复安全状态。

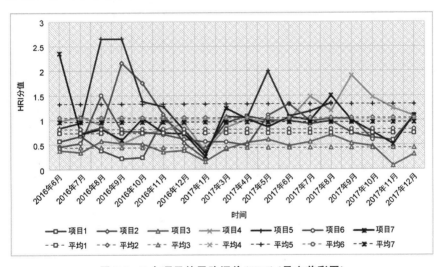

图 5-7　7 个项目的风险评价(HRI)(见文前彩图)

基于耗散结构理论,得出了 7 个工程的安全性能与风险整改效率的关
系。没有一个项目在良好或糟糕的状态下是稳定的,它们表现出波动性。
结果还显示了开放系统视角下 SPI 随时间的循环关系。虽然实际随时间的
关系较为复杂,受工程特点、现场施工、不同风险及指标、工期等因素的影
响,但理论上的简化关系可为今后的研究提供参考。当新的风险发生缓慢
或管理活动大多是在时间上时,SPI 的趋势可能会增长到一个更好的情况。
这可以用施工实践来解释。随着现场风险的增加,安全管理者会更加重视

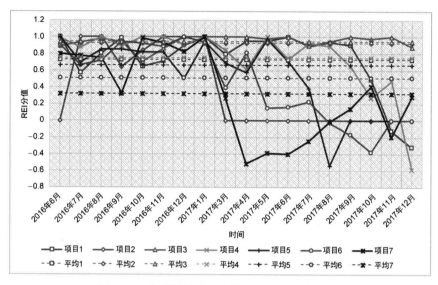

图 5-8　7 个项目的管理绩效（REI）（见文前彩图）

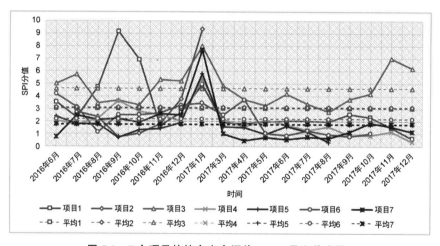

图 5-9　7 个项目的综合安全评价（SPI）（见文前彩图）

对风险的整改，释放更多的正熵，产生更多的负熵，使现场的安全状态由危险状态向良好状态转变。

1. 项目前期安全评估

以 7 个项目中某项目于 2016 年 6 月的建设工程安全管理工作为例。

如图 5-10 所示,本项目在当时安全生产综合安全绩效为"较高",表明多数新发风险已得到控制、整改风险积极性较高、事故倾向性较低,项目此时进展顺利,但仍有进步的空间。具体情况可从(静态)控制新发风险程度和(动态)整改风险积极性两个子指数进行分析。控制新发风险程度为"较

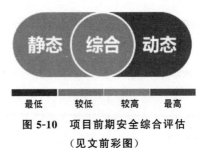

图 5-10　项目前期安全综合评估（见文前彩图）

高",表示项目偶有风险发生而且其触发事故后果值得注意;承包商整改风险积极性为"最高",则表示风险整改及时,绝不拖延。因此可以看出,如果能够进一步控制新发风险,项目安全生产综合绩效将能够达到"最高"。

　　具体来说,在 2016 年 6 月的项目施工现场,安全堪忧的施工环境成为酝酿事故的温床,严重影响工人安全和工程进度。由 2016 年 6 月项目风险分布图(图 5-11)可知,该月风险发生 19 项,风险发生频率最高的三种风险类型及其风险数分别是:施工用电 9 项,安全管理 4 项,施工机具 2 项。这三类风险数目占总风险数的约 79%,风险发生的类型较为集中,反映出该项目初期存在安全管理的关键薄弱环节,在施工用电等方面存在比较明显的安全风险。对于现场高发风险,安全管理专家团队提出了针对性整改意见与管理措施,包含强化施工用电等环节的安全检查与培训,排除此类风险的再次发生。除此之外,还有其他的偶发风险也值得注意,包括文明施工、悬挑式脚手架、附着式升降脚手架与塔式起重机。虽然这些风险发生频率低,但是不给予重视容易引起突发事故,造成不可逆的严重后果。

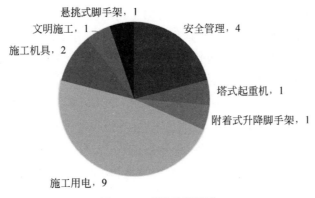

图 5-11　项目前期风险

2. 主要风险与建议措施

施工用电往往容易造成较为严重的伤害事故,也是本项目施工现场初期的一大风险类型。在发现的 9 项施工用电类风险中,包括配电线路、配电箱与开关箱、现场照明以及接地与接零保护系统四类风险,其中配电线路、配电箱与开关箱是最主要的两种风险,分别有 3 项与 4 项。可以看出施工用电风险主要出现在配电设备上。安全管理出现了 4 项风险,主要表现在应急救援和安全技术交底两方面。安全管理这一类安全风险主要体现项目部安全管理制度、安全投入等管理内容是否全面合规。从应急救援与安全技术交底两项制度的漏洞可以看出,海尔创新中心在项目初期的安全制度还有一些不完善的地方。施工机具也是发生频率较高的风险。但就这项风险的平均发生频率,海尔创新中心项目部在该方面的管控已经比较好,发现的两项风险包括电焊机与气瓶四种。总体来说,物的不安全状态在更大程度上造成了项目的安全风险,管理缺陷与人的不安全行为次之。

为尽快将紊乱的施工环境恢复正常,安全管理专家团队首先对该项目提出风险预警,督促其尽快整改所有风险,由于承包商整改及时,使得施工现场能够短期内恢复安全状态。同时统计分析风险类型和风险来源,并根据安全检查标准给出详细的整改建议,有效提高施工现场遗留的风险的整改效率,促使施工现场尽快恢复安全状态。其次,给出承包商具体的安全管理优化建议如下。

第一,加强现场安全培训、安全技术交底等制度的落实,编制年度安全培训计划,保证相关工种的规范操作,施工用电配电设备的配置、临边防护措施要严格遵守相关技术规范要求,提升工人的安全意识;第二,加强项目部相关安全资料管理,具体包括施工现场特殊工种上岗证及特种作业人员体检报告必须经监管部门提供的网站上核实,安全生产责任制以施工单位公司红头文件形式下发到项目部留存备查,存在交叉作业或有潜在风险的各个分包单位要签署安全协议,涉及交底、劳动用品发放等必须经本人签字确认,妥善收集保存塔吊运转记录、交接记录等;第三,建立健全安全制度,编制全面的应急预案,明确应急方案的权责划分,按照应急预案内容补齐防汛物资,提高紧急情况处理能力。

3. 项目后期安全评估

图 5-12 为项目 2017 年 1 月的安全综合评估结果。项目安全生产综合

图 5-12　项目后期综合安全评价
（见文前彩图）

安全绩效为"最高"，表明项目收尾阶段承包商高度控制新发风险、整改风险积极性高、无事故发生倾向。从控制新发风险程度来看，"较高"表示偶有风险发生而且触发事故后果值得注意，主要原因是此时项目施工进入收尾阶段，外装饰、绿化、亮化等单项工程交叉作业较多，施工现场配电系统出现 2 个风险。承包商及时对这 2 个风险进行现场整改，因此项目的整改风险积极性等级为"最高"。

整个项目施工期间，安全管理专家团队为项目共提供安全检查 21 次，检查面积 $73.5 \times 10^4 \text{m}^2$，一共发现 66 个一般风险、0 个重大安全风险。就项目综合安全绩效而言，承包商整体安全风险管控工作较好，虽然项目初期风险发生较多，但是接下来的两个月在安全管理团队的协助下，承包商重点防范主要风险类型，且及时整改发生的风险，使得三个指数都有显著的提升，均达到"最高"等级。值得注意的是，项目自 2016 年 10 月起控制新发风险程度的等级逐渐降低，在 11 月达到"最低"，表示此时项目中频繁发生风险而且触发事故后果非常严重，当月风险总共 11 个，主要集中在文明施工，由于项目此时进入装饰装修阶段，现场材料堆积、工作人员较多、消防设备准备不到位等原因造成了风险频发，但是由于整改态度积极，风险实查实纠，及时整改，有效消除了因施工阶段转换过程引发的不安全状态，因此综合评价绩效等级没有明显的降低，仍为"较好"。随后两个月新发风险逐渐减少，项目安全稳步推进。

4. 效益分析与学习课题

项目初期，控制新发风险程度不尽理想，施工用电类风险频发，配电设施合规情况较差。安全管理方面，应急预警制度也有待完善，电焊机等施工机具、临边防护措施都有漏洞。通过第三方的监督，让承包商学习"安全第一、以人为本的精神"，凭借积极的安全风险识别、监测与整改，让安全绩效等级有了显著的提升。其中，原本高发的施工用电与安全管理风险，借着平

台提供的具体整改建议(包含针对性的培训来改善工人安全意识、编制可操作的应急预案),实现了施工现场零事故的目标。

2016 年 6 月至 2017 年年底,该建设工程项目安全生产状况整体呈现好转趋势。在政府、承包商与三方共同努力下,施工现场风险数量明显减少,风险更加集中,安全管理漏洞维度大大降低。三大高发风险类别分别为高处作业、施工用电与扣件式钢管脚手架。另外,悬挑式钢管脚手架与高处作业吊篮分别在主体施工与装饰装修阶段高发。另一方面,在整体安全状况变好的同时,也暴露出承包商在安全管理方面的一些问题。进入装饰装修阶段,承包商对于风险的整改积极性显著降低,安全管理松懈,存在风险恶化的风险,仍需引起各方警惕。

对于施工现场高发风险以及承包商安全管理中存在的问题,为了更好地开展安全管理监督工作,确保全区各项目实现"零事故"目标,依据系统安全评价结果,提出以下建议:

(1) 督促项目安全生产管理制度的落实,确保企业安全检查、安全技术交底、安全培训等安全制度顺利高效落实,对安全管理人员及各工种作业人员进行周期性安全考核,强化安全意识,培养安全氛围;对项目安全资金投入进行监管。

(2) 深化专项整治。对各项目高发风险展开专项整治,包括高处作业、施工用电、扣件式钢管脚手架、文明施工等。督促各项目编制专项施工方案并严格按照施工方案进行施工;加强对于施工现场楼梯口、电梯口、预留洞口、通道口楼层周边、楼梯侧边、平台或阳台边、屋面周边、脚手架搭设、模板搭设作业、卸料平台操作、移动式脚手架作业等高处作业安全防护措施落实情况的监督检查,要求高处作业的工人严格按照标准要求佩戴个人防护措施,以防意外发生;强化对于施工现场易燃易爆材料以及消防设施的监督,确保现场防火工作到位。

(3) 针对不同项目不同施工阶段,进行有针对性的监督管控。对于各项目的安全监督检查要有针对性,不同项目由于施工阶段不同其风险类型也存在差异,相关部门要根据这些特点制定针对性监管计划。项目初期除了对基坑工程要更加注意,也要确保承包商安全生产责任制的建立健全,以便日后安全管理有据可循,应急预案、重大危险源辨识等也要在项目初期做到位。对于主体施工则要关注悬挑式脚手架、塔式起重机等施工设施,装饰装修阶段则要注意高处作业吊篮的安全使用。

(4) 重点监督装饰装修阶段项目的风险整改积极性,从各项目的动态整改风险积极性的评价结果来看,大多项目在进入装饰装修阶段后存在严重的放松警惕、安全管理松懈、风险整改不积极的情况。相关部门对处于装饰装修阶段的项目要更加关注风险整改积极性,促使其保持较高的安全意识,对风险务必做到及时整改。另外,还要防止一些项目为保证工期违规赶工,使得工人疲劳作业造成极大安全风险。总之,项目进入后期,承包商极易轻视安全管理,加之赶工带来的安全管理难度上升,往往造成严重后果,相关部门要在此时进行必要监管以防止风险恶化发展。

5.5　小　　结

本章的研究利用实际施工项目现场安全检查数据,建立了风险关联网络模型。将风险视为一个连续变量,基于网络结构分析不同风险触发引起的熵流变化。在此基础上,以风险耦合熵流作为变量,利用 DST 对熵流的传递进行了数值模拟。首先,获得了与施工现场的关键风险和关键耦合。临界耦合风险主要是序列误差、知识不足、观测缺失、规划不充分,而在能量传递过程中,高的危险发生概率和耦合强度不一定对应于更高的能量。其次,基于 DST 确定能量传递机制和关键风险路径。通过选择关键风险耦合和关键路径,忽略低能量的风险耦合,简化了复杂网络。

基于耗散结构理论,将现场施工安全管理系统视为一个随内外系统能量交换而自发由无序向有序发展的耗散系统。将耗散结构理论应用于现场施工安全状态评估,采用熵权法计算风险和安全评价指标的权重,利用突变势函数计算由风险发生引起的系统正熵,引入管理绩效评价作为负熵,形成系统安全评价熵流模型。采用熵流变化模拟系统所处的安全状态,通过风险发生和风险整改的相互作用使系统由混乱和不平衡逐渐趋于平衡稳定的状态。将实证研究的结果及专家检查结果与未采用熵流的评价结果进行比较,结果显示基于管理绩效的综合安全风险评价具有合理性、保守性和主动性。

对提高风险识别和安全风险管理绩效做出了贡献:DST 与社会网络方法相结合,研究了开放系统下基于级联触发的风险传播机制;所提出的方法从能量交换的角度出发,提供了一种有效的方法来识别和区分基于级联触发传播过程的关键风险和风险耦合;考虑管理作用对风险系统的影响所提出的综合安全评价熵流模型,可以为施工项目安全状态提供基于数据的动态评价和预警,能够从控制新发风险和提高管理效力两个角度进行有针对性的改进,为控制和纠正建筑工程中的关键风险提供了一个前瞻性的安全管理计划。

在这项研究中,在提出的方法和研究本身方面都发现了一些局限性。首先,模型数据基础是从现有的项目数据记录中获取的数据发展而来,只考虑了管理和施工阶段的动态影响,在今后的研究中应考虑更广泛的管理因素,如费用、安全规划以及教育培训。其次,本书提出的关键风险耦合和风险传递路径需要在工程实践上应用,进而不断完善风险耦合模型。

第6章 总 结

6.1 主要工作总结

本书的研究内容主要包括以下四个方面,首先,搭建系统框架,基于事故致因理论和实证数据,构建施工现场风险耦合模型;其次,基于风险级联触发分析范式,模拟风险网络动态演化过程,阐释风险级联触发机理;再次,补充系统中间件,引入整改作为管理抗力,探究施工现场管理作用对系统安全状态的影响;最后,将系统能量作为驱动,在上述内容的基础上从能量耗散角度构建熵流模型,探究能量耗散过程中的级联触发驱动机制,最终实现系统安全动态评价与预警。具体如下:

基于事故致因理论,构建了网络视角下的施工现场风险动态耦合模型。从系统论角度分析系统安全评价的构成要素,并从事故因果模型的基本假设出发讨论分析系统中风险耦合作用,构建了基于风险耦合的系统框架,并基于实证数据构建风险耦合网络进行分析。从系统视角出发,对建设项目施工现场的安全性做出评价既要考虑现场存在的不安全因素,也要考虑控制和约束产生的作用力,同时关注这些因素的内在关联对系统可靠性的影响。首先基于风险耦合网络构建系统安全评价框架,主要包括基于事故致因理论构建风险因果关联,结合作用变化理论和轨迹交叉理论,采用实证数据构建风险共变关联,同时进行专家访谈确定最终风险耦合,探究风险之间的相互影响关系。其次,通过计算风险关联强度获得风险耦合矩阵,形成可视化的风险耦合网络,分析风险耦合网络特征,为下一步基于级联触发的风险耦合模型建模和系统安全的动态评价模型提供框架基础。最后,在山东青岛工程项目的现场风险检查数据上开展了实证研究,风险耦合网络可以反映施工现场系统内部风险关联关系,并且基于风险节点在网络中的不同特征,确定关键风险。

阐释风险级联触发机理。首先模拟风险概率的不确定性作为触发"荷载",将风险级联触发分析迁移到建筑工程施工实例分析中,对比先前研究的贝叶斯网络路径,级联触发机制表示触发路径更少更短,影响机制更清晰,计算风险屏蔽率,结果显示该方法可以有效排除冗余信息,清楚识别风险级联触发路径。具体来说,将风险发生视为连续变量,节点被触发时,其相邻节点只有达到临界荷载才会被触发。通过级联触发模拟,并考虑实际的事件序列,当防护设施失效时,因为触发的程度不同,会导致与其相关联的风险如多于一位工人共用一条生命线出现不同的触发状态,即对于同一个风险会对其关联的同一个风险产生的影响不同。网络中存在少数负相关风险,可以解释为当一种风险发生且被整改后,其负相关风险相应地随之消失,弥补了系统性因素的缺失;然后,通过模拟风险级联触发过程,发现存在风险不连续触发路径,如两个风险不存在直接关联,那么共同邻接风险可以将前者的荷载传递给后者,导致其触发,在安全检查中,当防护设施失效的程度不严重时,脚手架层间防护上并不会出现较多杂物,不会触发该风险,但是会间接触发工人不使用上、下专用通道的风险。该结果补充了事故链因果模型中只存在直接因果关系的不足。

引入整改效率(管理抗力)作为管理绩效的动态衡量指标,开发了一种前瞻性的安全绩效评估方法。整改效率定义为管理团队对现场发现的风险进行整改的绩效,包括物理风险和活动风险,是衡量项目对安全风险发生的抵抗能力的先验指标。通过对整改特征进行分析,比选三种综合评价方法量化管理绩效。结合整改时间特征,分为按期整改、超期整改和超期未整改三种状态,采用三种评价学方法各有利弊,灰色、粗糙集和竞争合作模型可以凸显施工阶段特征,集对分析法可以凸显整改的时变趋势,竞争合作模型和集对分析能反映出三个状态的对立统一关系。本书进而分析风险发生和风险整改以及综合评价的相互影响关系,结果显示,即使现场鲜少有新发风险,但仍有很大可能风险整改力度不够,存在大量超期未整改的风险,使系统安全受到威胁。同时即使新发风险较多,安全等级较差,只要管理绩效很高,那么系统仍旧有恢复安全状态的趋势和能力。动态管理绩效作为评价指标,使得系统安全评价更加客观和全面。结果表明,对于风险时有发生的施工现场,风险发生越频繁,为整改风险和控制新的风险产生而消耗的人力越高,使得系统陷入不良循环,因此,只有当新发风险和风险整改达到一个动态的平衡时,才能显著改变系统行为。因此考虑整个安全系统内多种变化的影响,改变头痛医头脚痛医脚的方式。

基于耗散结构理论,构建了风险级联触发熵流模型和系统安全评价熵流模型,探究能量耗散过程中的级联触发驱动机制,最终实现系统安全的动态评价与预警。通过网络模型构建系统框架,引入风险荷载和管理抗力作为系统中间件,在能量驱动下,形成系统动态评估预警模型。将风险关联出现频率的变化对系统的影响作为信息熵,结合风险后果计算风险耦合熵流,结果显示,高的风险出现频率和耦合强度不一定对应于更高的能量,通过计算发现,当耦合概率超过 0.348 时,基于信息混淆和不确定性的熵流会随着耦合概率的增大而减小。可以解释为,风险是一个小概率事件,当风险耦合概率极低时,由风险耦合引起的混沌程度会随着风险概率的增大而增大。然而,当风险耦合的概率较高时,有些情况是该风险在施工现场时常发生的且没有严重后果,是可以及时发现和纠正的,不会对系统造成突然的、不可逆转的损害。关键耦合风险主要包含序列误差、知识不足、观测缺失、规划不充分四个方面。分别定义为桥梁风险、高位风险、负相关风险和间接高位风险。通过模拟风险级联触发过程,无论节点是否被触发,其耦合熵流都会沿着路径向下一节点传递,计算可以得到风险级联触发关键路径。同时结合关键耦合风险进行风险预警,为安全检查人员制定高效准确的风险排查提供参考。本书采用熵流变化模拟系统所处的安全状态。通过突变理论量化风险触发对系统的影响作为正熵,而整改作为管理抗力,使得系统由混乱和不平衡逐渐趋于平衡稳定的状态,所以将其视为负熵。因此系统在某一时间段内的安全熵流可以由该时间段的风险熵流和整改熵流以及上一阶段流入的熵流综合而成。将本部分的结果与专家检查结果和未采用熵流的评价结果进行比较,结果显示,基于管理绩效的综合安全风险评价具有合理性、保守性和主动性。

通过将其应用于 7 个在建项目施工现场风险管理的安全评价,在常用风险统计的基础上,可以综合分析风险、整改和综合三个层面的评估结果。它在个案项目中的应用突出了一些一般的高风险地区和建筑工地危险时期。实例应用表明,该方法是一种保守可靠的安全性能评价方法,适用于时间分析和形式化监控。该模型有望推动主动安全管理,可应用于现场安全检查及风险整改后的安全状态动态评估和预警,提供安全失效的早期预警信号。

6.2 研究创新点

本书的研究通过构建风险耦合网络形成系统框架,引入风险荷载和管理抗力作为系统中间件,最后将能量耗散作为驱动形成系统熵流模型,进行动态评估预警。研究由两部分组成,首先从系统风险可靠性层面,通过驱动级联触发机制,获得关键耦合风险和关键路径;然后从系统安全性层面,模拟系统破坏阈值,从系统、风险和整改三个角度分别进行安全评估,实现动态预警。本书的研究分析过程和支撑数据为判断风险和系统安全提供了坚实的基础,评估结果也可用来设计开放的安全风险缓解措施,系统变化时,可以更新风险耦合网络模型和评估分析模板来评估差异。主要的理论创新点在于:

(1) 将级联故障分析范式与社会网络分析相结合阐明风险级联触发机理,科学合理排除冗余信息,与传统分析方法使用的布尔变量假设相比,本书提出的级联失效方法将风险状态作为连续变量,在传播过程的基础上,提供了一种有效的方法来识别和确定风险的优先级。因此,本书的研究为评估非触发前因可能引发的安全风险的传播过程提供了新的见解。本书的研究基于级联触发构建风险耦合模型,属于视角创新。

(2) 整改(管理抗力)的引入考虑了管理绩效的主动和客观度量,指出了传统施工安全管理评价对风险整改效率的忽视,促进了动态和稳健的安全绩效评估。基于先验指标对安全系统进行综合评价,并引入风险不确定性和动态安全管理对安全绩效的影响,进一步全面评估项目安全状态,为风险预警打下基础。

(3) 结合风险可靠性层面的级联触发预警和系统安全性层面的动态安全评估,最终实现系统安全的动态评价与预警。基于结构耗散理论,将建设工程系统的不确定性模拟为"安全熵",相较于既有研究中系统熵流的静态评价,本书从能量交换的角度出发,提供了一种有效的方法来识别基于级联触发传播过程的关键风险和风险耦合;考虑管理作用对风险系统的影响所提出的综合安全评价熵流模型,可以为施工项目安全状态提供基于数据的动态评价和预警,为控制和纠正建筑工程中的关键风险提供了一个前瞻性的安全管理计划。

同时,在实践应用中本书提出的风险耦合、级联触发分析方法以及动态安全绩效评估方法已被采纳应用于青岛7个在建项目使用的施工安全监控体系中。本书的研究结果可以推广应用于多种系统安全评估,便于不同行业、不同环境的安全检查人员明确风险传播的路径和范围,实时掌握系统安全状态,为制定高效、准确的安全管理策略提供了新的参考。

6.3　局限性及展望

首先,工程安全是一个复杂的课题,影响建设项目安全水平的因素是多方面的。本书提出的系统评价预警方法是基于现有的住宅项目施工检查记录和管理绩效开发的,虽然具有代表性,但在追求普遍性的同时,未来的研究将建立一个包含所有类型建设工程所有施工阶段的实时评价预警模型。

其次,本书定量化了整改绩效作为先验指标对施工现场系统安全状态的作用,但是仅考虑了整改绩效,并没有直接考虑更广泛的管理因素,如安全计划、成本和安全培训等管理因素对系统安全的影响,因此在接下来的研究中需要进一步考虑更多管理因素的影响,完善评价模型。

再次,本书基于风险的不确定性来作为风险触发荷载,在仿真模拟中当触发荷载达到风险承载力的时候,该风险才会被触发,属于小样本分析。在确定风险耦合强度和风险触发承载力的过程中都用到了 bootstraping 进行样本扩充,但是实际应用中,对风险的触发程度仍然需要一个连续函数来将实际的安全场景转换为风险触发荷载。

最后,本书基于风险耦合网络模型探究了不同关联类型风险的相互作用,通过级联故障分析范式,发现风险触发过程中,存在潜在的未触发风险,这也为后续研究事故与风险的触发机理奠定了基础。

参 考 文 献

［1］ Mohammadi A，Tavakolan M，Khosravi Y. Factors influencing safety performance on construction projects：A review［J］. Safety Science，2018，109：382-397.

［2］ Awolusi I G，Marks E D. Safety activity analysis framework to evaluate safety performance in construction［J］. Journal of Construction Engineering and Management，2016，143（3）：1-62.

［3］ Abbas M，Mneymneh B E，Khoury H. Assessing on-site construction personnel hazard perception in a middle eastern developing country：An interactive graphical approach［J］. Safety Science，2018，103：183-196.

［4］ Khanzode V V，Maiti J，Ray P K. Occupational injury and accident research：A comprehensive review［J］. Safety Science，2012，50（5）：1355-1367.

［5］ 廖彬超，刘梅，徐晴雯，等. 眼动试验在建筑业安全隐患识别研究中的应用与展望［J］. 中国安全科学学报，2016（11）：31-36.

［6］ Smith S D，Carter G. Safety hazard identification on construction projects［J］. Journal of Construction Engineering & Management，2006，132（2）：197-205.

［7］ Dzeng R-J，Lin C-T，Fang Y-C. Using eye-tracker to compare search patterns between experienced and novice workers for site hazard identification［J］. Safety Science，2016，82：56-67.

［8］ Leung H M，Chuah K B，Tummala V M R. A knowledge-based system for identifying potential project risks［J］. Omega-International Journal of Management Science，1998，26（5）：623-638.

［9］ Hallowell M R，Hinze J W，Baud K C，et al. Proactive construction safety control：Measuring，monitoring，and responding to safety leading indicators［J］. Journal of Construction Engineering and Management，2013，139（10）：04013010.

［10］ Terwel K C，Jansen S J T. Critical factors for structural safety in the design and construction phase［J］. Journal of Performance of Constructed Facilities，2014，29（3）：04014068.

［11］ 丁传波，黄吉欣，方东平. 我国建筑施工伤亡事故的致因分析和对策［J］. 土木工程学报，2004，37（8）：77-82.

［12］ Chi S，Han S. Analyses of systems theory for construction accident prevention with specific reference to OSHA accident reports［J］. International Journal of Project Management，2013，31（7）：1027-1041.

[13]　王小云. 语义导航清单对建设工程安全检查绩效的影响研究 [D]. 北京：清华大学,2017.

[14]　Awolusi I G, Marks E D. Safety activity analysis framework to evaluate safety performance in construction[J]. Journal of Construction Engineering and Management, 2017,143(3): 05016022.

[15]　Zhou C,Ding L Y. Safety barrier warning system for underground construction sites using internet-of-things technologies[J]. Automation in Construction,2017, 83: 372-389.

[16]　Chi S,Caldas C H. Automated object identification using optical video cameras on construction sites [J]. Computer-Aided Civil and Infrastructure Engineering, 2011,26(5): 368-380.

[17]　Woodcock K. Model of safety inspection[J]. Safety Science,2014,62: 145-156.

[18]　Tixier A J P, Hallowell M R, Rajagopalan B, et al. Construction safety clash detection: Identifying safety incompatibilities among fundamental attributes using data mining[J]. Automation in Construction,2017,74: 39-54.

[19]　Guo H,Yu Y,Xiang T,et al. The availability of wearable-device-based physical data for the measurement of construction workers' psychological status on site: From the perspective of safety management[J]. Automation in Construction, 2017,82: 207-217.

[20]　Seokho C, Murphy M, Zhanmin Z. Sustainable road management in texas: Network-level flexible pavement structural condition analysis using data-mining techniques[J]. Journal of Computing in Civil Engineering,2014,28(1): 156-65.

[21]　Melzner J,Hollermann S,Kirchner S, et al. Model-based construction work analysis considering process-related hazards[C]//Winter Simulation Conference. 2013.

[22]　Chi S,Caldas C H. Automated object identification using optical video cameras on construction sites[J]. Computer - Aided Civil and Infrastructure Engineering, 2011,26(5): 368-380.

[23]　Hou L,Wang X,Bernold L,et al. Using animated augmented reality to cognitively guide assembly[J]. Journal of Computing in Civil Engineering, 2013, 27 (5): 439-451.

[24]　Carter G,Smith S D. Safety hazard identification on construction projects[J]. Journal of Construction Engineering and Management,2006,132(2): 197-205.

[25]　Wang J Y,Yuan H P. Factors affecting contractors' risk attitudes in construction projects: Case study from China [J]. International Journal of Project Management,2011,29(2): 209-219.

[26]　Albert A,Hallowell M R,Kleiner B M. Experimental field testing of a real-time construction hazard identification and transmission technique[J]. Construction Management and Economics,2014,32(10): 1000-1016.

[27] Sousa V, Almeida N M, Dias L A. Risk-based management of occupational safety and health in the construction industry-Part 1: Background knowledge[J]. Safety Science, 2014, 66: 75-86.

[28] Lehto M, Salvendy G. Models of accident causation and their application: Review and reappraisal[J]. Journal of Engineering and Technology Management, 1991, 8(2): 173-205.

[29] Groth K, Mosleh A. A performance shaping factors causal model for nuclear power plant human reliability analysis[C]//10th International Conference on Probabilistic Safety Assessment and Management, PSAM, 2010.

[30] Zhao K, Upadhyaya B R. Adaptive fuzzy inference causal graph approach to fault detection and isolation of field devices in nuclear power plants[J]. Progress in Nuclear Energy, 2005, 46(3-4): 226-240.

[31] Gao P, Fu G, Yin W T. The implications of behavior-based accident causation "2-4 model" in the prevention of coal mine roof accident[C]//Progress in Mine Safety Science and Engineering II-Proceedings of the 2nd International Symposium of Mine Safety Science and Engineering. 2014.

[32] Liang K, Liu J, Wang C. The coal mine accident causation model based on the hazard theory[J]. Procedia Engineering. 2011, 26: 2199-2205.

[33] Kim D S, Yoon W C. An accident causation model for the railway industry: Application of the model to 80 rail accident investigation reports from the UK[J]. Safety Science, 2013, 60: 57-68.

[34] Liu J T, Li K P. A cascading failure model for analyzing railway accident causation[J]. International Journal of Modern Physics B, 2017.

[35] Renault B Y, Agumba J N. Risk management in the construction industry: A new literature review[C]//4th International Building Control Conference. IBCC, 2016.

[36] Ledwoch A, Brintrup A, Mehnen J, et al. Systemic risk assessment in complex supply networks[J]. IEEE Systems Journal, 2018, 12(2): 1826-1837.

[37] Park H, Han S H, Rojas E M, et al. Social network analysis of collaborative ventures for overseas construction projects[J]. Journal of Construction Engineering and Management, 2011, 137(5): 344-355.

[38] 李秀林, 袁国勇, 王光瑞. 经典混沌入门[J]. 物理教学探讨, 2007(7): 1-3.

[39] Tixier A J P, Hallowell M R, Rajagopalan B, et al. Automated content analysis for construction safety: A natural language processing system to extract precursors and outcomes from unstructured injury reports[J]. Automation in Construction, 2016, 62: 45-56.

[40] Eshtehardian E, Khodaverdi S. A Multiply connected belief network approach for schedule risk analysis of metropolitan construction projects[J]. Civil Engineering and Environmental Systems, 2016, 33(3): 227-246.

[41] Gerassis S,Saavedra A,Garcia J F,et al. Risk analysis in tunnel construction with Bayesian networks using mutual information for safety policy decisions[J]. WSEAS Transactions on Business and Economics,2017,14：215-224.

[42] 夏喆,邓明然,黄洁莉.企业风险传导进程中的耦合性态分析[J].上海管理科学, 2007(1)：4-6.

[43] 陈国藩.企业突破性创新风险评估与动态演化研究[D].长沙：中南大学,2013.

[44] Villanova M P. Attribute-based risk model for assessing risk to industrial construction tasks[D]. University of Colorado at Boulder,2014.

[45] Allan N,Yin Y. Development of a methodology for understanding the potency of risk connectivity[J]. Journal of Management in Engineering,2011,27(2)：75-79.

[46] Hou Z Q,Zeng Y M. Research on risk assessment technology of the major hazard in harbor engineering[J]. Procedia Engineering,2016,137：843-848.

[47] Fang D P,Huang X Y,Hinze J. Benchmarking studies on construction safety management in China[J]. Journal of Construction Engineering and Management, 2004,130(3)：424-432.

[48] Fang D P,Huang X Y,Hinze J. Benchmarking studies on construction safety management in China[J]. Journal of Construction Engineering & Management, 2004,130(3)：424-432.

[49] Hopkins A,Hopkins A. Thinking about process safety indicators[J]. Safety Science,2009,47(4)：460-465.

[50] Grabowski M,Ayyalasomayajula P,Merrick J,et al. Leading indicators of safety in virtual organizations[J]. Safety Science,2007,45(10)：1013-1043.

[51] Hinze J,Thurman S,Wehle A. Leading indicators of construction safety performance[J]. Safety Science,2013,51(1)：23-28.

[52] Poh Y P,Tah J H M. Integrated duration-cost influence network for modelling risk impacts on construction tasks[J]. Construction Management & Economics, 2006,24(8)：861-868.

[53] Rajendran S. Enhancing construction worker safety performance using leading indicators[J]. Practice Periodical on Structural Design and Construction,2013, 18(1)：45-51.

[54] Pinto A,Nunes I L,Ribeiro R A. Occupational risk assessment in construction industry-overview and reflection[J]. Safety Science,2011,49：616-624.

[55] Thurston E,Glendon A I. Association of risk exposure,organizational identification, and empowerment,with safety participation,intention to quit,and absenteeism[J]. Safety Science,2018,105：212-221.

[56] Amir M,Mehdi T,Yahya K. Factors influencing safety performance on construction projects：A review[J]. Safety Science,2018,109：108-112.

[57] Feng Y,Zhang S,Wu P. Factors influencing workplace accident costs of building

projects[J]. Safety Science,2015,72：97-104.

[58] Choudhry R M, Fang D. Why operatives engage in unsafe work behavior: Investigating factors on construction sites [J]. Safety Science, 2008, 46 (4): 566-584.

[59] Khosravi Y,Asilian-Mahabadi H,Hajizadeh E,et al. Factors influencing unsafe behaviors and accidents on construction sites: A review[J]. International Journal of Occupational Safety & Ergonomics,2014,20(1)：111-125.

[60] Haslam C,O'Hara J,Kazi A,et al. Proactive occupational safety and health management: Promoting good health and good business[J]. Safety Science,2016, 81：99-108.

[61] Mohammadfam I, Ghasemi F, Kalatpour O, et al. Constructing a Bayesian network model for improving safety behavior of employees at workplaces[J]. Applied Ergonomics,2017,58：35-47.

[62] Chen J R,Yang Y T. A predictive risk index for safety performance in process industries[J]. Journal of Loss Prevention in the Process Industries,2004,17(3)：233-242.

[63] 罗云. 风险分析与安全评价[M]. 北京：化学工业出版社,2004：25-109.

[64] Liu H,Tian G. Building engineering safety risk assessment and early warning mechanism construction based on distributed machine learning algorithm[J]. Safety Science,2019,120：764-771.

[65] Ning X,Qi J,Wu C. A quantitative safety risk assessment model for construction site layout planning[J]. Safety Science,2018,104：246-259.

[66] Heinrich H W,Petersen D,Roos N R. Industrial accident prevention: a safety management approach[M]. New York：McGraw-Hill,1980：20-50.

[67] Fang C,Marle F. A simulation-based risk network model for decision support in project risk management[J]. Decision Support Systems,2012,52(3)：635-644.

[68] Wang T,Gao S,Li X,et al. A meta-network-based risk evaluation and control method for industrialized building construction projects[J]. Journal of Cleaner Production,2018,205：552-564.

[69] Watts D J. Six degrees：The science of a connected age[M]. New York：Norton and Co. ,2005：55-76.

[70] 段东生. 大型建筑企业工程投标风险管理研究[D]. 北京：中国矿业大学,2015.

[71] 王起全,等. 安全评价[M]. 北京：化学工业出版社,2015,36-80.

[72] Johnson W G. MORT safety assurance systems[M]. New York：M. Dekker(New York),1980：12-35.

[73] Ferry T S. Modern accident investigation and analysis-An executive guide[M]. New York：Wiley,1981：55-80.

[74] Henley E, Kumamoto H. Probabilistic risk assessment and management

forengineers and Scientists[J]. International Journal of Systems Applications Engineering & Development Issue,1996,41(5): 751-752.

[75] Haddon,W. The basic strategies for reducing damage form hazards of all kinds[J]. Hazards Prevent,1980,16,8-12.

[76] Liu M,Tang P,Liao P-C,et al. Propagation mechanics from workplace hazards to human errors with dissipative structure theory[J]. Safety Science,2020,126: 104661.

[77] Luo W K,Tang X F,Shang Sh-L,et al. Research on the risk assessment of the land ecological safety in coal mining areas based on the fuzzy information entropy [C]//2014 International Symposium on Safety Science and Technology. 2014: 689-697.

[78] Deng X,Zheng S,Xu P,et al. Study on dissipative structure of China's building energy service industry system based on brusselator model[J]. Journal of Cleaner Production,2017,150: 112-122.

[79] Nie Y,Lv T,Gao J. Co-evolution entropy as a new index to explore power system transition: A case study of China's electricity domain[J]. Journal of Cleaner Production,2017,165: 951-967.

[80] Sundarasaradula D, Hasan H M, A unified open systems model for explaining organisational change[M]//Information Systems Foundations: Constructing and Criticising. Australian National University Press,125-142.

[81] Lingard H,Hallowell M,Salas R,et al. Leading or lagging? Temporal analysis of safety indicators on a large infrastructure construction project[J]. Safety Science, 2017,91: 206-220.

[82] Liu M,Liao P-C. Integration of hazard rectification efficiency in safety assessment for proactive management [J]. Accident Analysis & Prevention, 2019, 129: 299-308.

[83] Haadir S A, Panuwatwanich K. Critical success factors for safety program implementation among construction companies in Saudi Arabia [J]. Procedia Engineering,2011,14: 148-155.

[84] Hon C K H,Chan A P C,Wong F K W. An analysis for the causes of accidents of repair, maintenance, alteration and addition works in Hong Kong [J]. Safety Science,2010,48(7): 894-901.

[85] Reason J. Human error: models and management[J]. Bmj, 2000, 320 (7237): 768-770.

[86] Petersen,Daniel C. Human error reduction and safety management[M]. New York: John Wiley and Sons Ltd,1996: 100-150.

[87] Reason J. Human Error[M]. New York: Cambridge University Press, 1990: 22-35.

[88] Duffuaa S O,El-Ga'Aly A. Impact of inspection errors on the formulation of a

multi-objective optimization process targeting model under inspection sampling plan[J]. Computers & Industrial Engineering,2015,80: 254-260.

[89] Choudhry R M, Zahoor H. Strengths and weaknesses of safety practices to improve safety performance in construction projects in pakistan[J]. Journal of Professional Issues in Engineering Education & Practice,2016,142(4): 1-26.

[90] Chua D K H,Goh Y M. Incident Causation model for improving feedback of safety knowledge[J]. Journal of Construction Engineering & Management,2004, 130(4): 542-551.

[91] Li N,Fang D,Sun Y. Cognitive psychological approach for risk assessment in construction projects[J]. Journal of Management in Engineering,2016,32(2): 1-7.

[92] Teizer J,Allread B S,Fullerton C E, et al. Autonomous pro-active real-time construction worker and equipment operator proximity safety alert system[J]. Automation in Construction,2010,19(5): 630-640.

[93] Melzner J,Hollermann S,Kirchner S, et al. Model-based construction work analysis considering process-related hazards[C]//Winter Simulation Conference: Simulation: Making Decisions in A Complex World. IEEE,2013.

[94] Hou L,Wang X,Bernold L,et al. Using animated augmented reality to cognitively guide assembly[J]. Journal of Computing in Civil Engineering, 2013, 27 (5): 439-451.

[95] Lees F P. Loss prevention in the process industries[J]. Journal of Hazardous Materials,1980,93(1): 1-43.

[96] Lars Harms-Ringdahl. Safety analysis: principles and practice in occupational safety[M]. New York: Taylor&Francis Inc,2002: 42-51.

[97] Bahr N J. System safety engineering and risk assessment: A practical approach[M]. Washington,D. C. : Taylor and Francis,1997: 251.

[98] 杨衡.蒙特卡罗模拟优化与风险决策分析的应用研究[D].天津:天津大学,2004.

[99] 杨耀红汪.工程项目管理中的人工神经网络方法及其应用[J].中国工程科学, 2004,6(7): 26-33.

[100] Zhang L,Wu X,Qin Y,et al. Towards a fuzzy Bayesian network based approach for safety risk analysis of tunnel-induced pipeline damage[J]. Risk Analysis, 2016,36(2): 1-24.

[101] Long D N,Dai Q T,Chandrawinata M P. Predicting safety risk of working at heights using Bayesian networks[J]. Journal of Construction Engineering & Management,2016,142(9): 1-16.

[102] Franceschini F,Galetto M. A new approach for evaluation of risk priorities of failure modes in FMEA[J]. International Journal of Production Research,2001,

39(13)：2991-3002.

[103] 崔阳陈,徐冰冰.工程项目风险管理研究现状与前景展望[J].工程管理学报,
2015(2)：76-80.

[104] Kim B C. Integrating risk assessment and actual performance for probabilistic
project cost forecasting：A second moment bayesian model[J]. IEEE
Transactions on Engineering Management,2015,62(2)：158-170.

[105] Liao P C,Luo X,Tao W,et al. The mechanism of how design failures cause unsafe
behavior：The cognitive reliability and error analysis method(CREAM)[J]. Procedia
Engineering,2016,145：715-722.

[106] Liao P C,Ma Z,Chong H Y. Identifying effective management factors across
human errors—A case in elevator installation[J]. KSCE Journal of Civil
Engineering,2017：1-11.

[107] Liao P C,Shi H,Su Y,et al. Development of data-driven influence model to
relate the workplace environment to human error[J]. Journal of Construction
Engineering and Management,2018,144(3).

[108] Liao P C,Guo Z,Tsai C H,et al. Spatial-temporal interrelationships of safety
risks with dynamic partition analysis：A mechanical installation case[J]. KSCE
Journal of Civil Engineering,2017：1-12.

[109] Wambeke B W,Liu M,Hsiang S M. Task variation and the social network of
construction trades[J]. Journal of Management in Engineering,2014,30(4).

[110] Yang R J,Zou P X W. Stakeholder-associated risks and their interactions in
complex green building projects：A social network model[J]. Building and
Environment,2014,73：208-222.

[111] Li C Z,Hong J,Xue F,et al. Schedule risks in prefabrication housing production
in Hong Kong：a social network analysis[J]. Journal of Cleaner Production,
2016,134：482-494.

[112] Lee C Y,Chong H Y,Liao P C,et al. Critical review of social network analysis
applications in complex project management[J]. Journal of Management in
Engineering,2018,34(2).

[113] Zhou Z,Irizarry J. Integrated framework of modified accident energy release
model and network theory to explore the full complexity of the hangzhou
subway construction collapse[J]. Journal of Management in Engineering,2016,
32(5).

[114] Zhang L,Wu X,Skibniewski M J,et al. Bayesian-network-based safety risk
analysis in construction projects[J]. Reliability Engineering and System Safety,
2014,131：29-39.

[115] Pryke S D. Towards a social network theory of project governance[J]. Constr.
Manage. Econ,2005,23(9)：927-939.

[116] Mead S P. Using social network analysis to visualize project teams[J]. Proj. Manage. J. ,2001,32(4): 32-38.

[117] Lee C Y,Chong H Y,Liao P C,et al. Critical review of social network analysis applications in complex project management[J]. Journal of Management in Engineering,2018,34(2): 1-15.

[118] Woodcock K. Model of safety inspection[J]. Safety Science, 2014, 62 (2): 145-156.

[119] Zhang M,Fang D. A continuous behavior-based safety strategy for persistent safety improvement in construction industry[J]. Automation in Construction, 2013,34: 101-107.

[120] Qin X,Li H,Mo Y. Study on establishment and evaluation of risk network in green building projects based on SNA[J]. Tumu Gongcheng Xuebao/China Civil Engineering Journal,2017,50(2): 119-131.

[121] Kim M,Lee I,Jung Y. International project risk management for nuclear power plant(NPP) construction: Featuring comparative analysis with fossil and gas power plants[J]. Sustainability(Switzerland),2017,9(3).

[122] Castillo T,Alarcón L F,Pellicer E. Influence of organizational characteristics on construction project performance using corporate social networks[J]. Journal of Management in Engineering,2018,34(4).

[123] Zhu L,Liu P,Feng L,et al. Study on risk assessment of cascading failures with event tree approach and Bayesian network [C]//5th IEEE International Conference on Electric Utility Deregulation, Restructuring and Power Technologies. DRPT,2015.

[124] Guo H,Zheng C,Iu H H C,et al. A critical review of cascading failure analysis and modeling of power system[J]. Renewable and Sustainable Energy Reviews, 2017,80: 9-22.

[125] Wang Z,Hill D J,Chen G,et al. Power system cascading risk assessment based on complex network theory [J]. Physica A: Statistical Mechanics and its Applications,2017,482: 532-543.

[126] Gao Y C,Tang H L,Cai S M,et al. The impact of margin trading on share price evolution: A cascading failure model investigation[J]. Physica A: Statistical Mechanics and its Applications,2018,505: 69-76.

[127] Liu W,Chen K Q,Liu Y Y,et al. Cascading failure simulation of road network based on prospect theory[J]. Jiaotong Yunshu Xitong Gongcheng Yu Xinxi/ Journal of Transportation Systems Engineering and Information Technology, 2018,18(1): 145-151.

[128] Hernandez-Fajardo, Isaac, Duenas-Osorio, et al. Probabilistic study of cascading failures in complex interdependent; lifeline systems[J]. Reliability Engineering and

System Safety,2013,111(2): 260-272.

[129] Shuang Q,Liu Y,Tang Y,et al. System reliability evaluation in water distribution networks with the impact of valves experiencing cascading failures [J]. Water (Switzerland),2017,9(6).

[130] Luo Z,Li K,Ma X, et al. A new accident analysis method based on complex network and cascading failure [J]. Discrete Dynamics in Nature and Society,2013.

[131] Hoffman A J, Henn R. Overcoming the social and psychological barriers to green building[J]. Organization & Environment,2008,21(4): 390-419.

[132] Lam P T I,Chan E H W,Poon C S,et al. Factors affecting the implementation of green specifications in construction[J]. Journal of Environmental Management,2010, 91(3): 654-661.

[133] Love P E D,Niedzweicki M,Bullen P A, et al. Achieving the green building council of australia's world leadership rating in an office building in Perth[J]. Journal of Construction Engineering & Management,2012,138(5): 652-660.

[134] Li D-Q, Tang X-S, Zhou C-B, et al. Characterization of uncertainty in probabilistic model using bootstrap method and its application to reliability of piles[J]. Applied Mathematical Modelling,2015,39(17): 5310-5326.

[135] Rodrigues A B,Silva M D G D. Confidence intervals estimation for reliability data of power distribution equipments using bootstrap[J]. IEEE Transactions on Power Systems,2013,28(3): 3283-3291.

[136] Zou P X W,Zhang G, Wang J. Understanding the key risks in construction projects in China[J]. International Journal of Project Management,2007,25(6): 601-614.

[137] Zhang H,Chi S. Real-time information support for strategic safety inspection on construction sites [C]//30th International Symposium on Automation and Robotics in Construction and Mining,Held in Conjunction with the 23rd World Mining Congress. Montreal, QC, Canada: Canadian Institute of Mining, Metallurgy and Petroleum,2013.

[138] Gao A,Cai J, Zan H. The experience summary and security risk monitor implement of deep foundation pit in metro half-blanket system [C]// International Conference on Multimedia Technology. 2011.

[139] Williams K,Dair C. What is stopping sustainable building in England? Barriers experienced by stakeholders in delivering sustainable developments [J]. Sustainable Development,2007,15(3): 135-147.

[140] Hoffman A J, Henn R. Overcoming the social and psychological barriers to green building[J]. Organization & Environment,2008,21(4): 390-419.

[141] Lam P T,Chan E H,Poon C S,et al. Factors affecting the implementation of

green specifications in construction[J]. J Environ Manage,2010,91(3): 654-661.

[142] Love P E D,Niedzweicki M,Bullen P A,et al. Achieving the green building council of Australia's world leadership rating in an office building in Perth[J]. Journal of Construction Engineering and Management,2012,138(5): 652-660.

[143] Seo J W,Choi H H. Risk-based safety impact assessment methodology for underground construction projects in Korea [J]. Journal of Construction Engineering and Management,2008,134(1): 72-81.

[144] Mostafavi A,Abraham D,Noureldin S,et al. Risk-based protocol for inspection of transportation construction projects undertaken by state departments of transportation[J]. Journal of Construction Engineering & Management,2013, 139(8): 977-986.

[145] Mohammadfam I,Bastani S,Esaghi M,et al. Evaluation of coordination of emergency response team through the social network analysis. Case Study: Oil and Gas Refinery[J]. Safety and Health at Work,2015,6(1): 30-34.

[146] Li C Z,Hong J,Xue F,et al. Schedule risks in prefabrication housing production in Hong Kong: A social network analysis[J]. Journal of Cleaner Production, 2016,134: 482-494.

[147] Lu Y,Li Y,Pang D, et al. Organizational network evolution and governance strategies in megaprojects[J]. Construction Economics and Building,2015,15 (3): 1-19.

[148] Akgul B K,Ozorhon B,Dikmen I,et al. Social network analysis of construction companies operating in international markets: Case of Turkish Contractors[J]. Statyba,2016,23(3): 327-337.

[149] Park H,Han S H,Rojas E M, et al. Social network analysis of collaborative ventures for overseas construction projects [J]. Journal of Construction Engineering & Management,2011,137(5): 344-355.

[150] Ko C H,Li S C. Enhancing submittal review and construction inspection in public projects[J]. Automation in Construction,2014,44(44): 33-46.

[151] Jing L,Qin X,Understanding the key risks in green building in China from the perspectives of life cycle and stakeholder. [C]//Proceedings of 16th Intertional Symposium on Advancement of Construction Management and Real Estate, 2011: 416-422.

[152] Marle F, Vidal L A, Bocquet J C. Interactions-based risk clustering methodologies and algorithms for complex project management[J]. International Journal of Production Economics,2013,142(2): 225-234.

[153] Sinelnikov S, Inouye J, Kerper S. Using leading indicators to measure occupational health and safety performance [J]. Safety Science, 2015, 72: 240-248.

[154] Cadieux J,Roy M,Desmarais L. A preliminary validation of a new measure of occupational health and safety [J]. Journal of safety Research, 2006, 37: 413-419.

[155] Lofquist E A. The art of measuring nothing: the paradox of measuring safety in a changing civil aviation industry using traditional safety metrics [J]. Safety Science,2010,48: 1520-1529.

[156] Dekker S,Pitzer, C. Examining the asymptote in safety progress: a literature review[J]. International Journal of Dccupational Safety and Ergonomics,2016,22 (1): 57-65.

[157] Sparer E H, Dennerlein J T. Determining safety inspection thresholds for employee incentive programs on construction sites[J]. Safety Science,2013,51: 77-84.

[158] Shea T,Cieri H D,Donohue R, et al. Leading indicators of occupational health and safety: An employee and workplace level validation study [J]. Safety Science,2016,85: 293-304.

[159] Salas R, Hallowell M. Predictive validity of safety leading indicators: empirical assessment in the oil and gas sector. [J]. Journal of Construction Engineering and Management,2016,04016052: 1-11.

[160] Wreathall J. Leading? Lagging? Whatever! [J]. Safety science, 2009, 47: 493-494.

[161] Toellner J. Improving safety and health performance,identifying and measuring leading indicators[J]. Prof. Saf. ,2001,46(9): 42-47.

[162] Shea T,De Cieri H,Donohue R,et al. Leading indicators of occupational health and safety: An employee and workplace level validation study [J]. Safety Science,2016,85: 293-304.

[163] Girotto E,Andrade S M,Gonzalez A D,et al. Professional experience and traffic accidents/near-miss accidents among truck drivers[J]. Accid Anal Prev,2016, 95: 299-304.

[164] Hinze J, Hallowell M, Baud K. Construction-safety best practices and relationships to safety performance[J]. Journal of Construction Engineering and Management,2013,139(10): 04013006.

[165] Jannadi M O. Factors affecting the safety of the construction industry[J]. Build. Res. Informa,1996,24(2): 108-122.

[166] Sawacha E, Naoum S, Fong D. Factors affecting safety performance on construction sites[J]. Int. J. Project Manage,1999,17(5): 309-315.

[167] Li C H, Li H M. Developing a model to evaluate the safety management performance of construction projects. [C]//International Conference on Management and Service Science. IEEE. 2009: 1-5.

[168]　丁传波,黄吉欣,方东平. 我国建筑施工伤亡事故的致因分析和对策[J]. 土木工程学报,2004,37(8)：78-83＋88.

[169]　Jitwasinkul B, Hadikusumo B H. Identification of important organisational factors influencing safety work behaviours in construction projects[J]. J. Civ. Eng. Manage. ,2011,17(4)：520-528.

[170]　Hasan A,Jha K N. Safety incentive and penalty provisions in Indian construction projects and their impact on safety performance[J]. Int. J. Injury Control Saf. Promot,2013,20(1)：3-12.

[171]　Guo B H W, Yiu T W. Developing leading indicators to monitor the safety conditions of construction projects[J]. Journal of Management in Engineering, 2016,32(1).

[172]　Guo B H W,Yiu T W,Gonzalez V A. Does company size matter? Validation of an integrative model of safety behavior across small and large construction companies[J]. Journal of Safety Research,2018,64：73-81.

[173]　Robson L S, Ibrahim S, Hogg-Johnson S, et al. Developing leading indicators from OHS management audit data：Determining the measurement properties of audit data from the field[J]. Journal of Safety Research,2017,61：93-103.

[174]　Sheehan C, Donohue R, Shea T, et al. Leading and lagging indicators of occupational health and safety：The moderating role of safety leadership[J]. Accid Anal Prev,2016,92：130-138.

[175]　Mao L,Feng D,Assessment of coal mine safety based on bayesian method with entropy weight[C]//2018 Chinese Control And Decision Conference(CCDC). IEEE,2018：2924-2928.

[176]　Paz J C, Rozenboim D, Cuadros Á, et al. A simulation-based scheduling methodology for construction projects considering the potential impacts of delay risks[J]. 2018,18(2)：41.

[177]　Pereira E, Han S, Abourizk S. Integrating case-based reasoning and simulation modeling for testing strategies to control safety performance[J]. Journal of Computing in Civil Engineering,2018,32(6).

[178]　Yiu N S N, Sze N N, Chan D W M. Implementation of safety management systems in Hong Kong construction industry-A safety practitioner's perspective [J]. Journal of Safety Research,2017.

[179]　Alruqi W M,Hallowell M R, Techera U. Safety climate dimensions and their relationship to construction safety performance：A meta-analytic review[J]. Safety Science,2018,109：165-173.

[180]　Bertalanffy L. General system theory：Foundations[M]. New York：Braziller, 1969：45-67.

[181]　Weinberg G. An introduction to general systems thinking[M]. New York：John

Wiey&Sons,1975：12-50.

[182] Leveson N G. Engineering a safer world：Systems thinking applied to safety [M]. London：The MIT Press,2011：1-20.

[183] Checkland P. Systems thinking：Systems practice[M]. New York：John Wiley & Sons,1981：1-15.

[184] Leveson N. A systems approach to risk management through leading safety indicators[J]. Reliability Engineering & System Safety,2015,136：17-34.

[185] 刘春阳.复杂系统事故分析模型研究[D].北京：首都经济贸易大学,2017.

[186] Heinrich H W. Accident causes[J]. Safety Engineering,1939,77(3)：11-12.

[187] 覃容,彭冬芝.事故致因理论探讨[J].华北科技学院学报,2005,2(3)：1-10.

[188] 栾兰.因果关系的逻辑解析及其科学价值[D].秦皇岛：燕山大学,2009.

[189] 张胜强.我国煤矿事故致因理论及预防对策研究[D].杭州：浙江大学,2004.

[190] 罗春红,谢贤平.事故致因理论的比较分析[J].中国安全生产科学技术,2007, 3(5)：111-115.

[191] Perrow C. Normal accidents：Living with high risk technologies [M]. New York：Princeton University Press,2011：20-45.

[192] Tavakoli A,Riachi R. CPM use in ENR top 400 contractors[J]. Journal of Management in Engineering,1990,68(3)：282-295.

[193] Mehdizadeh R,Breysse D, Taillandier F, et al. Dynamic and multi perspective risk management in construction with a special view to temporary structures[J]. Civil Engineering and Environmental Systems,2013,30(2)：115-129.

[194] Wang L,Ma L,Zhang P. Risks and their correlations research of green building project in our country based on SNA[J]. Construction Technology, 2016, 45(4)：62-65.

[195] Barranquero J,Chica M, O Cordón, et al. Detecting key variables in system dynamics modelling by using social network metrics[J]. Lecture Notes in Economics and Mathematical Systems,2015,676：207-217.

[196] De Nooy W,Mrvar A, Batagelj V. Exploratory social network analysis with Pajek[M]. New York,USA：Cambridge University Press,2011：1-50.

[197] Wright S. Correlation and causation[J]. Journal of Agricultural Research,1921, 20(7)：557-585.

[198] Rebane G,Pearl J. The recovery of causal poly-trees from statistical data[J]. Uncertainty in Artificial Intelligence,2013,2：175-182.

[199] Wasserman S,Faust K. Social network analysis methods and applications[J]. Contemporary Sociology,1994,91(435)：219-220.

[200] Hollnagel E. Cognitive reliability and error analysis method(CREAM)[M]. San Dieg：Elsevier,1998：22-54.

[201] 沈祖培,王遥,高佳.人因失误的后果-前因追溯表[J].清华大学学报：自然科学

版,2005,45(6):799-802.

[202] Salmon W. Scientific explanation and the causal structure of the world[J]. 1984.

[203] 丁嘉威. 网络视角下的安全风险关联机理:以电梯安装工程为例 [D]. 北京:清华大学,2016.

[204] Bilir S, Gurcanli G E, A Method to calculate the accident probabilities in construction industry using a poisson distribution model[M]//Advances in safety management and human factors. 2016: 513-523.

[205] Chua D K, Goh Y M. Poisson model of construction incident occurrence[J]. Journal of Construction Engineering and Management, 2005, 131(6): 715-722.

[206] Yang R J, Zou P X. Stakeholder-associated risks and their interactions in complex green building projects: A social network model[J]. Building and Environment, 2014, 73: 208-222.

[207] Eteifa S O, El-Adaway I H. Using social network analysis to model the interaction between root causes of fatalities in the construction industry[J]. Journal of Management in Engineering, 2018, 34(1).

[208] Standard for construction safety inspection. 2011.

[209] 中华人民共和国住房和城乡建设部. 建筑施工安全检查标准(JGJ59—2011) [S]. 北京:中国建筑工业出版社,2012.

[210] Liao P-C, Shi H, Su Y, et al. Development of data-driven influence model to relate the workplace environment to human error[J]. Journal of Construction Engineering and Management, 2018, 144(3): 04018003.

[211] 宋守信. 铁路安全风险管理核心理论与关键技术[M]. 北京:北京交通大学出版,2013: 5-35.

[212] Perrow C. Normal accidents: Living with high-risk technology[M]. New Jersey: Princeton University Press, 1999: 5-35.

[213] 黄亮亮,王勇. 投资组合风险的均值方差分析[J]. 上海电力学院学报,2012(3): 287-290.

[214] Streukens S, Leroi-Werelds S. Bootstrapping and PLS-SEM: A step-by-step guide to get more out of your bootstrap results[J]. European Management Journal, 2016, 34(6): 618-632.

[215] 谢益辉,朱钰. Bootstrap 方法的历史发展和前沿研究[J]. 统计与信息论坛, 2008, 23(2): 91-97.

[216] Johnson R W. An introduction to the Bootstrap[J]. Teaching Statistics, 2001, 23(2): 49-54.

[217] Liao P-C, Liu M, Su Y-S, et al. Estimating the influence of improper workplace environment on human error: Posterior predictive analysis[J]. Advances in Civil Engineering, 2018: 11.

[218] Xia N, Zou P X W, Liu X, et al. A hybrid BN-HFACS model for predicting

safety performance in construction projects [J]. Safety Science, 2018, 101: 332-343.

[219] Jeelani I, Han K, Albert A. Automating and scaling personalized safety training using eye-tracking data[J]. Automation in Construction, 2018, 93: 63-77.

[220] Hallowell M R, Gambatese J A. Construction safety risk mitigation[J]. Journal of Construction Engineering and Management, 2009, 135(12): 1316-1323.

[221] Parks G, Li J, Balazs M, et al. An empirical investigation on elitism in multiobjective genetic algorithms[J]. Foundations of Computing and Decision Sciences, 2001, 26(1): 51-74.

[222] Hwang C L, Yoon K. Multiple attribute decision making[M]. Berlin: Springer, 1981: 50-75.

[223] Wang R, Rho S. Dynamics prediction of large-scale social network based on cooperative behavior[J]. Sustainable Cities and Society, 2019, 46: 101435.

[224] Yager R R. On ordered weighted averaging aggregation operators in multicriteria decisionmaking [J]. IEEE Transactions on Systems, Man, and Cybernetics, 1988, 18(1): 183-190.

[225] Ray T. Constrained robust optimal design using a multiobjective evolutionaryalgorithm [C]//Proceedings of the 2002 IEEE Congress on Evolutionary Computation. 2002.

[226] Coello C A, Pulido G T, Lechuga M S. Handling multiple objectives with particle swarm optimization [J]. IEEE Transactions on Evolutionary, 2004, 8 (3): 256-279.

[227] Alptekin O, Alptekin N. Analysis of criteria influencing contractor selection using TOPSIS method [J]. IOP Conference Series: Materials Science and Engineering, 2017, 245.

[228] Mahmoud S, Zayed T, Fahmy M. Development of sustainability assessment tool for existing buildings[J]. Sustainable Cities and Society, 2019, 44: 99-119.

[229] Zavadskas E K, Turskis Z, Tamošaitiene J. Risk assessment of construction projects[J]. Journal of Civil Engineering and Management, 2010, 16(1): 33-46.

[230] Wei J, Zhou L, Wang F, et al. Work safety evaluation in Mainland China using grey theory[C]. Applied Mathematical Modelling, 2015.

[231] Gao C-l, Li S-c, Wang J, et al. The Risk assessment of tunnels based on grey correlation and entropy weight method [J]. Geotechnical and Geological Engineering, 2018, 36(3): 1621-1631.

[232] Hatefi S M, Tamošaitienē J. Construction projects assessment based on the sustainable development criteria by an integrated fuzzy AHP and improved GRA model[J]. Sustainability, 2018, 10: 991.

[233] Wu Q, Liu Z. Real formal concept analysis based on grey-rough set theory,

Knowledge-Based Systems[J]. Elsevier B. V. ,2009,22(1): 38-45.

[234] Gorsevski P V,Jankowski P. Discerning landslide susceptibility using rough sets[J]. Computers,Environment and Urban Systems,2008,32(1): 53-65.

[235] Bai C,Sarkis J. Evaluating supplier development programs with a grey based rough set methodology[J]. Expert Systems with Applications,2011,38(11): 13505-13517.

[236] Wang L,Liu S Y,Mu J. Post-evaluation of electric power construction project based on grey rough set[J]. Applied Mechanics and Materials,2013: 448-453.

[237] Chang T,Jane C,Lee Y. A Forecasting model of dynamic grey rough set and its application on stock selection[C]//2006 IEEE Conference on Cybernetics and Intelligent Systems. 2006.

[238] Chong T,Yi S,Heng C. Application of set pair analysis method on occupational hazard of coal mining[J]. Safety science,2017,92: 10-16.

[239] Yan F,Xu K. A set pair analysis based layer of protection analysis and its application in quantitative risk assessment[J]. Journal of Loss Prevention in the Process Industries,2018,55: 313-319.

[240] Chong T,Yi S,Heng C. Application of set pair analysis method on occupational hazard of coal mining[J]. Safety Science,2017,92: 10-16.

[241] Cai W-L,Li J-S. Set pairs analysis model for synthetic performance appraisal [C]. Berlin,Heidelberg: Springer Berlin Heidelberg,2011.

[242] Su M R,Yang Z F, Chen B. Set pair analysis for urban ecosystem health assessment [J]. Communications in Nonlinear Science and Numerical Simulation,2009,14(4): 1773-1780.

[243] Lianghai J,Sheng H, Huiyun X, et al. The risk evaluation of the engineering change based on the set pair analysis technology[C]//2014 Sixth International Conference on Measuring Technology and Mechatronics Automation,2014.

[244] Wang X,Zhu J,Dong Y,et al. Safety evaluation management on the construction based on set pair analysis [C]//2009 Third International Symposium on Intelligent Information Technology Application,2009.

[245] Hu Q G,Wang Zh,Wu Y, et al, Dynamic performance evaluation model based on Set Pair Analysis and its application[C]//2016 International Forum on Management, Education and Information Technology Application. Atlantis Press,2016.

[246] Zheng X-B,Chen G. Safety comprehensive assessment method based on set pair analysis and its applications[J]. Journal of Harbin Institute of Technology, 2006,38(2): 4-14.

[247] Yunliang J,Congfu X, Yong L, et al. A new approach for representing and processing uncertainty knowledge[C]//Proceedings of Fifth IEEE Workshop on

Mobile Computing Systems and Applications,2003.

[248] Li F. Application of varying coefficient discrepancy degree in water quality evaluation of water supply networks[J]. Procedia Environmental Sciences,2013, 18: 243-248.

[249] Karimiazari A,Mousavi N,Mousavi S F,et al. Risk assessment model selection in construction industry[J]. Expert Syst. Appl. ,2011,38: 9105-9111.

[250] Li X,Wang K,Liu L, et al. Application of the entropy weight and TOPSIS method in safety evaluation of coal mines[J]. Procedia Engineering,2011,26(4): 2085-2091.

[251] Yin L,Deng Y. Toward uncertainty of weighted networks: An entropy-based model[J]. Phys. A Stat. Mech. its Appl. ,2018,508: 176-186.

[252] Shi H,Li W,Meng W. A new approach to construction project risk assesment based on rough set and information entropy[C]//Innovation Management and Industrial Engineering,ICIII 2008.

[253] Yin L,Deng Y. Toward uncertainty of weighted networks: An entropy-based model[J]. Physica A: Statistical Mechanics and its Applications,2018,508: 176-186.

[254] Li A,Zhao Z. Crane safety assessment method based on entropy and cumulative prospect theory[J]. Entropy,2017,19(1): 44.

[255] Karakhan A A,Gambatese J A. Hazards and risk in construction and the impact of incentives and rewards on safety outcomes[J]. Practice Periodical on Structural Design & Construction,2018,23(2).

[256] Pereira E,Ahn S,Han S U,et al. Identification and association of high-priority safety management system factors and accident precursors for proactive safety assessment and control[J]. Journal of Management in Engineering,2017,34(1).

[257] Sundarasaradula D,Hasan H, A dynamic approach for modeling organizational change and evolution: A comparative view based upon a use of a composite-model approach and a single theory[C]//Western Business and Management Conference 2004(WBM 2004). Las Vegas,Nevada,2004.

[258] 吴超,杨冕.安全混沌学的创建及其研究[J].中国安全科学学报,2010(8): 3-16.

[259] Miller D, Friesen P H. Structural change and performance: quantum vs. piecemeal incremental approaches[J]. Academy of Management Journal,1982, 25: 867-892.

[260] Bertalanffy L V. General System Theory[M]. New York: George Braziller, 1973: 23-50.

[261] Flood R L,Carson E R. Dealing with complexity: An introduction to the theory and application[M]. New York: Plenum Press,1993: 76-102.

[262] Prigogine I, Stengers I. Order out of Chaos: Man's new dialogue with nature[M]. New York: Bantam Books, 1984: 32-50.

[263] Nicolis G, Prigogine I. Self-organization in nonequilibrium systems: From dissipative structures to order through fluctuation[M]. New York: John Wiley & Sons, 1977: 2-16.

[264] Luo W, Tang X, Shi S, et al. Research on the risk assessment of the land ecological safety in coal mining areas based on the fuzzy information entropy [C]//2014 International Symposium on Safety Science and Technology. 2015: 689-697.

[265] Merli M, Pavese A. Electron-density critical points analysis and catastrophe theory to forecast structure instability in periodic solids[J]. Acta Crystallographica, 74(2).

[266] Zhai W, Li J, Zhou Y. Application of catastrophe theory to fracability evaluation of deep shale reservoir[J]. Arabian Journal of Geosciences, 12(5).

[267] Heinrich T. A discontinuity model of technological change: Catastrophe theory and network structure[J]. Computational Economics, 2018, 51(3): 407-425.

[268] Sundarasaradula D, Hasan H. A unified open systems model for explaining organisational change[C]//Workshop on the Information Systems Foundations-Constructing and Criticising. 2005: 125-142.

[269] Han S U, Saba F, Lee S H, et al. Toward an understanding of the impact of production pressure on safety performance in construction operations [J]. Accident Analysis and Prevention, 2014, 68(1): 106-116.

[270] Cooke D L. A system dynamics analysis of the Westray mine disaster [J]. System Dynamics Review, 2010, 19(2): 139-166.

在学期间发表的学术论文与研究成果

[1] Mei Liu, Heap-Yih Chong, Pin-Chao Liao, Linyu Xu. Probabilistic-based cascading failure approach to assessing workplace hazards affecting human error[J]. Journal of Management in Engineering, 2018, 35(3)(SCI 源刊, JCR Q1 区, IF＝3.269, 检索号：000464392900001).

[2] Mei Liu, Pin-Chao Liao. Integration of hazard rectification efficiency in safety assessment for proactive management[J]. Accident Analysis and Prevention, 2019, 129：299-308(SSCI 源刊, JCR Q1 区, IF＝3.058, 检索号：000474674100029).

[3] Mei Liu, Pin-Chao Liao, Linyu Xu. Propagation mechanics from workplace hazards to human errors with dissipative structure theory[J]. Safety Science, 2020, 126：104661(SCI 源刊, JCR Q1 区, IF＝3.619).

[4] Mei Liu, Pin-Chao Liao, et al. Influence of semantic cues on hazard inspection performance：A case in construction safety[J]. International Journal of Occupational Safety and Ergonomics, 2018(SSCI 源刊, JCR Q3 区, IF＝1.377).

[5] Pin-Chao Liao, Mei Liu, et al. Estimating the influence of improper workplace environment on human error：posterior-predictive analysis[J]. Advances in Civil Engineering, 2018(10)：1-11(SCI 源刊, JCR Q3 区, IF＝1.104, 检索号：000435780600001).

[6] 廖彬超, 刘梅, 徐晴雯, 等. 眼动试验在建筑业安全隐患识别研究中的应用与展望[J]. 中国安全科学学报, 2016, 26(11)：31-36(CSCD 收录).

[7] Pin-Chao Liao, Mei Liu, et al. Characteristics of dynamic risk networks：A case in elevator installation[J]. Le Travail Humain. 2018(已录用, SCI 源刊).

[8] Pin-Chao Liao, Xinlu Sun, Mei Liu, Yu-Nien Shih. Influence of visual clutter on the effect of navigated safety inspection：A case study in elevator installation"[J]. International Journal of Occupational Safety and Ergonomics, 2017(SSCI 源刊, JCR Q3 区, IF＝1.377, 检索号：000477961300001).

附录 A 安全检查数据记录表（部分）

项目名称	项目规模/（万平方米）	施工单位	开工日期	施工阶段	检查日期	风险位置	检查面积/%	整改方式	整改期限	整改完成日期	流程状态	整改状态	风险内容
项目 1	2.47	…	2016-6-16	主体施工	2017-5-16	11 号楼	30	现场整改	立即	2017-5-16	结束	现场整改	预留洞口没有防护设施，不符合安全要求
…	2.47	…	2016-5-16	主体施工	2017-5-16	10 号楼	25	现场整改	立即	2017-5-16	结束	现场整改	经检查发现个别电梯井口没有设置安全防护设施
…	2.47	…	2016-5-16	主体施工	2017-5-16	11 号楼	30	限期整改	2017-5-18	2017-5-18	结束	未超期整改	施工现场安全警示牌设置不到位，没有危险源公示牌

附录 B　基础数据结构表(部分)

一级指标			安全管理		···	高处作业
二级指标			安全标志	应急救援	···	···	安全带
风险描述			施工现场安全警示牌设置不到位,危险源公示牌没有	施工现场没有建立急救援组织培训	···	···	高处作业人员安全带的系挂不符合规范要求
风险后果			3	10	···	···	5
项目	检查日期	整改状态				
项目1	2017.5.23	按时整改	1	0	···	···	0
项目1	2017.5.23	超期整改	1	0	···	···	0
⋮	⋮	⋮	⋮	⋮			⋮
项目 n	2017.5.23	按时整改	0	1	···	···	0
项目1	2017.5.30	超期未整改	0	0	···	···	1
⋮	⋮	⋮	⋮	⋮			⋮

致　　谢

在博士学位论文完成之际,衷心感谢导师廖彬超副教授在过去四年的精心指导和言传身教。廖老师对我学习研究上的谆谆教诲和个人生活上的关心让我能克服困难,不断前行。在我初入清华大学攻读博士学位时,由土木工程专业转入管理科学与工程专业,感谢廖老师在这段时间的不断鼓励和帮助,让我能够很快适应学科转换,并充分发挥土木工程专业基础的优势。廖老师悉心的学术指导和极富远见的引领使我在攻读博士学位阶段对工程管理领域有了深刻的理解,学术成果收获颇丰,这些都离不开廖老师的鼓励和指导。他严谨务实的治学态度、诲人不倦的高尚师德深深地感染激励着我。

衷心感谢卡内基梅隆大学的唐平波老师的热心指导与帮助。在美国亚利桑那州立大学访学的半年时间,唐老师亦师亦友,对我的鼓励和指导让我受益匪浅,更有信心和勇气去追求自己的梦想。

还要衷心感谢澳大利亚科廷大学的 Heap-Yih Chong 老师对多篇 SCI 论文写作的悉心指导,感谢清华大学建设管理系方东平老师、郭红领老师、王守清老师、李小冬老师、李楠老师、黄玥诚老师和重庆大学汪涛老师等各位师长对本论文研究的指导和帮助,诚挚感谢在论文评审和答辩阶段对论文提出宝贵意见的各位专家。

衷心感谢课题组的所有成员对我科研和生活上的指导和关心。特别感谢许林宇对我科研工作的技术支持。感谢清谷、万耀璘、程瑞、王燕卿、孙昕璐、徐晴雯、马张铭、胡亦楠等各位同学好友在我攻读博士学位期间对我的关心和支持。

感激父母为我提供了自由的成长环境,支持我追求自己的梦想,他们无私的爱和付出是我人生中最宝贵的财富。

在清华大学求学四载,时光虽然短暂,但是见证了我人生最美好的奋斗历程,感谢清华大学为我提供了美好舒适的学习生活环境和珍贵的学习资源。

本课题承蒙国家自然科学基金资助,特此致谢。